全国高等职业教育规划教材·艺术类专业

包装设计与印前制作技术案例

◎李琦 陈国东 编著

電子工業出版社
Publishing House of Electronics Industry
北京·BEIJING

内容简介

本书采用包装设计技能加项目的编写模式，强化理论和实践教学相结合，提升学生动手能力。教学设计以激发创意、开拓思路为主，具体操作为辅，同时在设计项目中讲解了印前技术要点知识。本书以包装设计知识的“必需、够用”为度，案例均为符合企业技术要求的实际包装设计项目，形成了既适应高职教学普遍规律，又符合企业生产技术工艺标准的完整体系。

本书按照设计元素的选择及应用的难易程度进行教学项目安排，主要有以下六个方面：文字在包装设计中的应用、品牌标志在包装设计中的应用、图形图像在包装设计中的应用、色彩在包装设计中的应用、版式在包装设计中的应用、民族传统在包装设计中的应用；再结合包装设计的基础知识共十章。各章通过基础知识、设计实战、经典案例、课后练习四个环节安排教学。基础知识让学生了解不同设计环节及设计元素的知识，对包装设计有一定的感性认识，为后续学习做准备；设计实战介绍在校学生的设计作品，让学生了解同一学习层次学生的设计成果及思路，同时针对项目讲解印前技术工艺与流程；通过经典案例的分析，加深学习，开拓眼界；通过课后练习实现实践教学和理论教学的交叉互动。

本书可作为高职高专及本科院校的电脑艺术设计、视觉传达等艺术设计类专业教学用书，也可作为社会培训机构或包装设计自学者参考用书。教材配套的电子课件等资源请登录华信教育资源网（http://www.hxedu.com.cn）免费下载。

图书在版编目(CIP)数据

包装设计与印前制作技术案例 / 李琦，陈国东编著. — 北京：电子工业出版社，2012.12

全国高等职业教育规划教材. 艺术类专业

ISBN 978-7-121-18908-1

Ⅰ.①包… Ⅱ.①李… ②陈… Ⅲ.①包装设计－高等职业教育－教材 ②印刷－前处理－高等职业教育－教材 Ⅳ.①TB482 ②TS803.1

中国版本图书馆CIP数据核字（2012）第268788号

策划编辑：左　雅
责任编辑：左　雅
印　　刷：中国电影出版社印刷厂
装　　订：中国电影出版社印刷厂
出版发行：电子工业出版社
　　　　　北京市海淀区万寿路173信箱　邮编 100036
开　　本：787×1092　1/16　印张：10.5　字数：268千字
版　　次：2012年12月第1版
印　　次：2019年1月第4次印刷
定　　价：49.00元

凡所购买电子工业出版社图书有缺损问题，请向购买书店调换。若书店售缺，请与本社发行部联系，联系及邮购电话：（010）88254888。

质量投诉请发邮件至zlts@phei.com.cn，盗版侵权举报请发邮件至dbqq@phei.com.cn。

服务热线：（010）88258888。

前言

随着商品市场的不断发展，包装设计的重要性和应用性更加突出。本书主要是通过理论讲解和应用设计指导来培养学生对包装设计的专业认识，加强创新观念，提高欣赏能力和应用设计能力，侧重从艺术性、科学性、应用性的角度，提高学生的综合艺术素质和艺术设计的表现力及创新力。

全书共十章，内容由浅入深，全面涵盖了包装设计的基础知识，通过案例图解形式来说明设计概念是如何实现的。

第一章包装设计概述：借助大量案例分析使学生对包装设计及基本流程有初步认识，通过登录相关专业网站及阅读包装设计书籍，进一步深入了解包装设计基础知识。

第二章包装设计定位与方法：启发学生绘制草图、开拓设计与制作包装的思路，了解设计定位与方法。

第三章纸盒包装结构及包装材料：使学生了解包装中最为常见的材料及结构，了解包装的结构、材料和功能之间的关系，学习如何针对内容物的特色要求进行设计。

第四章文字在包装设计中的应用：通过设计分析和设计实例仿作，使学生掌握主体文字设计在包装设计中的应用，让学生准确地把握广告文件、说明文字等的使用规范，了解文字元素的应用方法和常见形式。

第五章品牌标志在包装设计中的应用：使学生掌握包装设计与品牌标志的关系，学会在包装中应用标志，来更好地表现不同商品的品牌特征。

第六章图形图像在包装设计中的应用：使学生掌握图形图像在包装设计中的应用，把握包装设计中图形图像的设计范畴，了解图形图像应用在包装设计中的规律、法则和形式。

第七章色彩在包装设计中的应用：使学生掌握色彩在包装设计中的应用，通过对色彩进行有效地管理和设计，来表现不同商品的特性。

第八章版式在包装设计中的应用：使学生掌握版式在包装设计中的应用，能准确把握包装平面视觉设计的版面编排特点，能较好地表现不同商品的特性。

第九章民族传统在包装中的应用：使学生了解民族传统文化在包装设计中的应用，有意识地思考不同包装体现的文化底蕴，对包装设计进行更深层次的探索。

第十章系列包装设计：系列化包装是一种商业行为，希望学生能在设计中有意识地思考商品营销策略，将品牌传播观念作为系列化包装的核心，设计出优秀的系列包装。

本教材在保证知识体系完备、脉络清晰、论述精准深刻的同时，尤其注重培养读者的实际动手能力，结合大量的包装设计项目来使读者进一步灵活掌握及应用相关的设计流程及印前工艺技术。

浙江同济科技职业学院李琦老师负责全书的基础知识、案例及作业等内容的编写，其中，“设计实战”模块的设计案例来自该院学生课堂作业，“经典案例”模块的设计案例大多来自视觉中国、设计在线、红动中国及国外专业设计网站等。中国美术学院陈国东老师负责印前工艺技术部分的内容编写并参与了案例设计的指导。同时感谢远在大洋彼岸的设计师朱东熤给予的指导和支持。

特别感谢以下作品作者：第一章刀板香设计者叶娇艳、第一章牛肉干包装设计者林洪、第二章海鲜包装设计者何紫歆、第四章烤香鱼包装设计者邬旭聪、第四章黑茶设计者俞玲玲、第五章四叶草设计者沈丹丹、第五章马六甲白咖啡效果图设计者金柔婕、第六章《红楼梦》书籍包装设计者者方崇文、第六章天香百味设计者张黎、第七章纳西神草设计者来敏捷、第7章莲食坊包装设计者汤箐雅、第八章亿藻爱爱螺旋藻包装设计者柴樟琳、第九章醉鱼干包装设计设计者吴杏娣，以及第十章风干牛肉包装设计及西湖藕粉包装设计者林洪。

编 著 者

目 录

第九章：民族传统在包装设计中的应用

第十章：系列包装设计

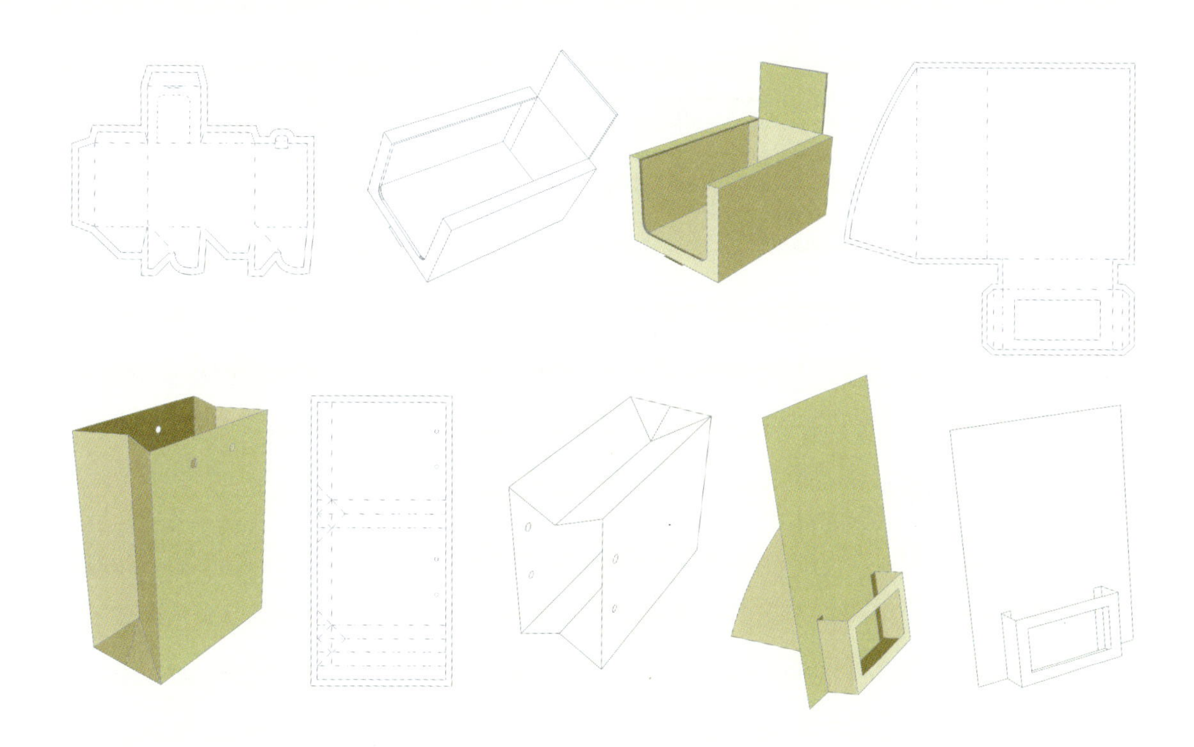

第一章：

包装设计概述

训练目标：

通过本章内容的学习，使学生大致了解包装设计及流程基础知识，在借助大量案例分析的同时，对包装设计有一定的感性认识，为后续学习做好准备。同时由浅入深地介绍了包装设计的功能和分类。

课时时间：

8 课时

参考书目：

《包装设计 150 年》（华表 编译）

《包装设计》（刘丽华）

1.1基础知识

从字面上讲，“包装”一词是并列结构，“包”即包裹，“装”即装饰，意思是把物品包裹、装饰起来。从设计角度上讲，“包”是用一定的材料把东西裹起来，其根本目的是使东西不易受损，方便运输，这是实用科学的范畴，是属于物质的概念；“装”是指事物的修饰点缀，即把包裹好的东西用不同的手法进行美化装饰，使包裹在外表看上去更漂亮，这是美学范畴，是属于文化的概念。单纯地讲，“包装”是将这两种概念合理有效地融为一体。比如我们常吃的粽子的包裹料，用箬叶包裹，这就是“包”，如图1-1所示。而经过设计的粽子包装，其中的真空包装及外面的礼盒包装可以起到保护及促进销售的作用，这就是“装”所示，如图1-2所示。

早在原始社会人类生活就离不开包装，那时人们为了储存水和食物，用土烧制缸、壶、罐等，用竹子、藤草、茎等编织成篮子、筐、萝等，用兽皮和麻布做成口袋，用于保存食物或将食物从一处搬到另一处。这些能盛装食物的容器就是最早的食品包装，而在今天的包装设计中，还可以看见这些原始包装的影子，让人感到质朴、亲切，如图1-3和图1-4所示。

图1－1 箬叶包裹的粽子

图 1－2 粽子包装

图 1－3 芦苇在包装上的应用

图 1－4 篮子在包装上的应用

我国新石器时代的彩陶，其实就是一种包装容器，如图1-5所示。它独特的造型，不仅具有良好的使用功能，同时还具有很好的装饰性和地域性。宋代山东济南刘家针铺的包装纸，是我国现存最早的纸包装，它是集包装、标志、广告为一体的包装形式，如图1-6所示。

图1 - 5 彩陶盆

濟南劉家功夫針鋪
認門前白
兔兒爲記
收買上等鋼條造功夫細針不誤宅院使用客轉與販別有加饒請記白

图1 - 6 山东济南刘家针铺的包装纸

中国古代有许多设计精美的包装盒，如妇女用来装化妆品及佩饰等物的汉代彩绘漆盒，就是当时贵族的生活用品和包装用品，具有鲜明的时代特征，其色彩对比强烈、古朴，图案典雅细腻，线条流畅飞动，灵活多变，有一种空灵的意境，有强烈的装饰效果，说明当时的包装已有相当高的设计、制作水平。而在今天的包装设计中，我们同样可以看见很多传图案及色彩的运用，如图1-7和图1-8所示。

图1 - 7 茶叶包装

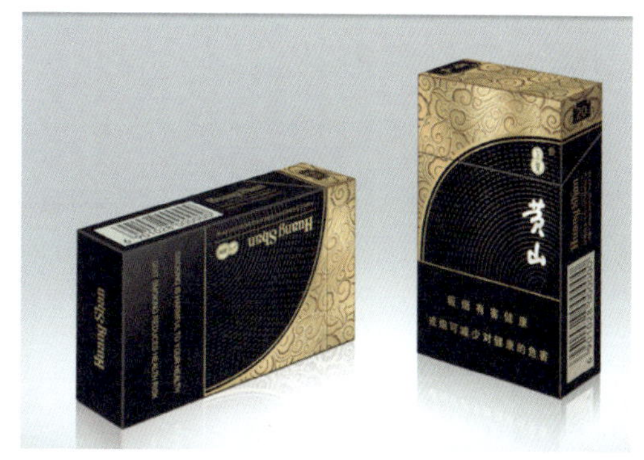

图1 - 8 香烟包装

我们生活中的瓶瓶罐罐、各类盒子，很多都是常见的包装。二十世纪六七十年代，几乎街上所有的百货店杂货铺都出售蛤蜊油，它价格便宜，实用耐用，深受广大市民的喜爱。蛤蜊壳完整清洁，洁白光滑，上面涂蜡，贴有商标。城市中的孩子有不少是通过蛤蜊油认识贝壳的。姑娘们衣兜里装上蛤蜊油到学校上学，课间掏出来相互比较着，看看谁的蛤蜊壳更大，图案条纹更漂亮。蛤蜊油代表着那个年代孩子们对美丽的向往，对幸福的满足，如图1–9所示。烧饼袋的生产中经常选用两种材料，一种是普通牛皮纸，具有成本低廉，印刷方便等特点，缺点是不防油、油墨容易渗入袋子内等；另外一种是淋膜牛皮纸，具有防油、纸张韧性好等特点，较好地解决了普通牛皮纸的缺陷，当然成本也稍微高些。现在市面上常用的包装袋一般采用淋膜牛皮纸材料，如图1–10所示。

图1 – 9 蛤蜊油包装

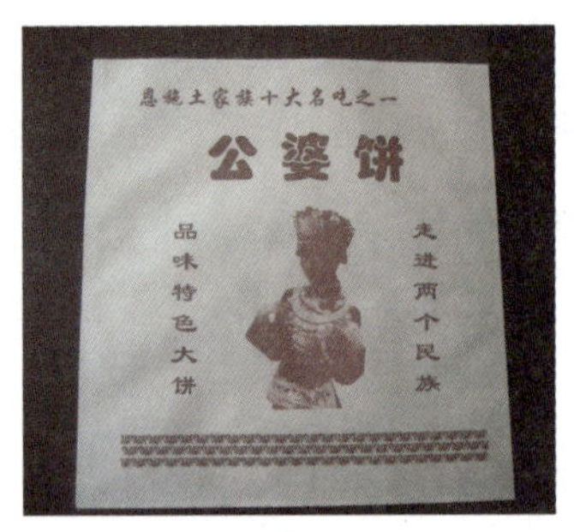

图1 – 10 油纸包装

包装是现代商品流通不可缺少的部分和外部形式，是商品进入流通、消费领域不可缺少的条件，是商品生产在流通过程中的一种继续。包装是商品的附属品，是实现商品价值和使用价值的一种手段。它的基本职能是保护商品和促进商品的销售。与我们司空见惯的大米的包装相比，日本山形县生产的森の家（Morinoie）大米的米袋包装，不仅完成了保护商品的作用，同时采用了独特的涂鸦式插图和简洁的版式，无疑更能吸引消费者的眼球，促进销售，如图1–11所示。再来看巴西的B品牌蜂蜜饮料的包装设计，采用了简洁的黄黑条纹，让人一眼就认出这是蜂产品，如图1–12所示。

图1 – 11 米袋包装

图1 – 12 蜂产品包装

包装设计是对商品的容器或结构外观进行的设计，从而提高商品的附加价值，激发消费者购买欲，最终影响消费者的观念及行为。船形包装的纳豆，让人不禁联想起童年的折纸船，更具亲切感，如图1–13所示。仿竹子形的水羊羹包装，竹子成了一种符号，代表纯朴的、新鲜的、天然的事物，如图1–14所示。

图1 – 13 船形包装的纳豆

图1 – 14 仿竹子包装

包装设计是一门集实用技术学、营销学、美学为一体的设计艺术科学。俄罗斯设计师Kian为Yarmarka Platinum谷物产品设计的包装不仅使Yarmarka Platinum成为俄罗斯市场上独一无二的品牌，而且彰显了品牌的独特魅力，提供来自世界各地的稀有谷物种，如图1–15所示。Kleenex的纸巾盒，以水果的外形带来夏日的清爽，如图1–16所示。包装设计不仅使产品具有既安全又漂亮的外衣，在今天更是成为一种强有力的营销工具。

图1 – 15 Yarmarka Platinum谷物包装

图1 – 16 Kleenex的纸巾盒

1.1.1 包装的发展

在提倡多元化的今天，商业包装设计在体现高新技术、提供良好功能的同时还充当着表现民族传统、人文特点、个性特色的多重角色。日本的一个乌冬面牌子Kanpyo Udon，采用有趣的南瓜造型与面条的流线感相结合，非工业式的艺术质感，打破了这一食品行业的传统包装风格，如图1–17所示。可口可乐的2009夏季特别装，一个系列5种设计，描绘美国人的休闲生活和娱乐，如图1–18所示。

图1 – 17 乌冬面包装　　图1 – 18 可口可乐的2009夏季特别装

随着“文化营销”、“品牌营销”、“知识营销”、“全球营销”、“形象营销”、“绿色营销”等新理论的产生，现代商业包装设计在未来的发展开始呈现如下趋势。

1. 文化包装

简单地理解，文化主要指精神层面的东西，如哲学、宗教、艺术、道德，以及部分物化的精神，如利益、制度、行为方式等。现代商业包装设计具有了对应市场的文化特点，及消费群体的价值观念、道德规范、生活习惯、美学观念等等的体现。现代商业包装设计随着产品本身的发展和社会选择的多样化，突破了传统商业包装主要用于容纳和保护产品的基本功能，越发强调以文化为导向，突出产品的标志化和个性化。台湾游山茶坊高山茶之翡翠系列包装设计采用了中国传统的青花瓷图案，加上书法、国画的元素，极具特色，如图1–19所示。利用中国传统的建筑形式，在包装中给人以独特的心理感受，以徽派建筑为主的包装设计不禁让人联想起小桥流水人家，如图1–20所示。

图1 – 19 台湾游山茶

图1 – 20 以徽派建筑为主的包装设计

2. 品牌包装

品牌是商标、名称、商业包装价格、历史、声誉、符号、广告风格的无形总和，是一个综合的概念。现代商业包装是品牌形象的重要载体之一，商品的商标、标志性图案、独特的视觉语言使消费者易于产生联想，使他们产生重复购买的冲动。面对同等价格，相同质量的竞争产品，消费者会因为现代商业包装的品牌特征而产生对于品牌的忠诚消费。SACHA有机可可是由厄瓜多尔Kallari社区合作社生产的，这款可可制品主要在欧洲销售。它的设计看起来干净和现代化，但仍然保持着合作社的乡村感觉，如图1-21所示。可口可乐包装无论是纪念包装还是零售包装，都一眼能认出其家族标志，如图1-22所示。

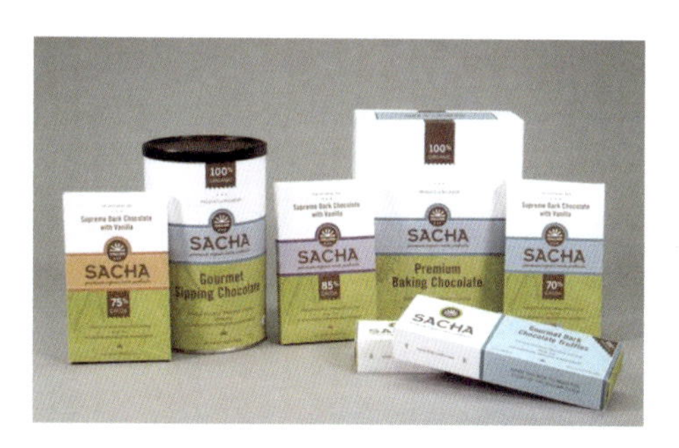

图1 - 21 可可制品包装

图1 - 22 可口可乐包装

3. 绿色包装

工业革命在使经济高速增长的同时，也使生态资源迅速减少，使人类的生存环境受到严重污染和破坏，这引起了全社会的普遍关注。现在人们对环境认识不断加强，越来越意识到环境问题的迫切性与绿色商业包装的重要性。现代商业包装设计越来越尊重环境，在商业包装材料的选用上，尽量减少原材料的消耗；提高包装的重复使用率，减少商业包装对环境的不利影响。由Yod Corporation Co.Ltd 设计的高级泰柚包装，生态且利于可持续发展，提升泰国水果的品质，如图1-23所示。当我们打开桶装方便面时，会发现有很大一部分其实是空的，这样就造成面桶体积在运输过程中的成本增大，也会导致仓储成本的提升。设计师为此设计了可伸缩式的面桶，很好地解决了这个问题。更有意思的是，当使用完毕，丢弃的面桶，也可以为垃圾桶节省出更多的空间，如图1-24所示。

图1 - 23 高级泰柚包装

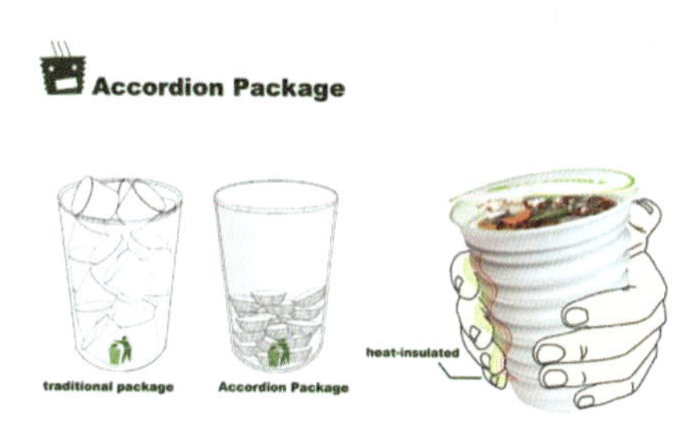

图1 - 24 方便面包装

4. 个性化包装

为了促进商品的销售，人们一直在研究包装外观与结构的设计，在商品同质化现象日趋严重的今天，个性化的包装会以强烈的视觉冲击力吸引消费者的眼球，使消费者留意、停顿、观察、赞赏并最终产生购买行为。第20届 PDA 年度概念包装大赛中，第一名被著名的俄罗斯品牌设计公司KIAN摘得。如图1-25所示，一个独创的外包装，为鸡蛋提供了一个快速便捷煮熟的好方法：将一条能带来热量的材质，穿插在包装间，当操作这个智能小装置，其发生反应时所产生的热量，足以使鸡蛋加热至熟，短短几分钟内，就得到一份很有营养的健康早餐，是不是很巧妙呢。

图1 - 25 KIAN鸡蛋包装

台农17号直接采用凤梨外观造型作为包装设计，所代表的含意："一整颗凤梨，新鲜奉礼"，除了强调为真实凤梨内馅外，独创的包装盒设计，跳脱了市场上常见的形式，和市面上的竞争品牌完全不同，是送礼的最佳选择，如图1-26和图1-27所示。

图1 - 26 台农17号

图1 - 27 台农17号

1.1.2 包装的功能

1. 保护功能

保护功能是包装最基本的功能。产品在运输过程中会遇到各种碰撞、挤压、震荡、冷热、光照等情况，要由包装来避免各种损害，以保证商品不被损伤或变质，能够安全流通，方便储运等，如图1–28和图1–29所示。

图1 – 28 包装的保护作用

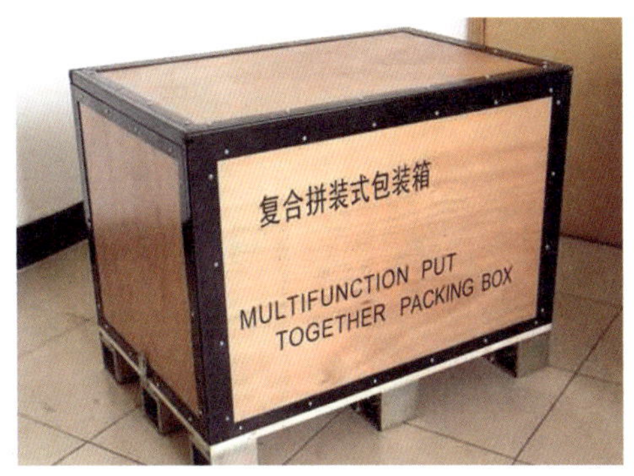

图1 – 29 包装的保护作用

2. 促销功能

包装设计的根本目的是为了传达信息、促进销售，这也是商品包装的主要功能。在产品的销售过程中，无论产品的品牌、广告和促销手段怎样，最终代表产品与顾客交流最直观的还是产品的包装；无论从包装情感的感染力，还是图形表达的说服力，与消费者进行最后沟通的还是产品的包装。所以包装对于商品经营者来说，是非常重要的。在进行包装设计时，对产品的包装不能只理解为美化产品，它更多的是需要提升产品的价值。包装是一种营销策略的体现，只有从动态的不断变化的市场环境和消费者需求的心理动机中，提炼出包装设计的策略，通过视觉传达的方式与消费者沟通，并最终打动消费者，达到促进商品销售的目的。日本包装精美的安全套，看起来可爱活泼，如图1–30所示。在需要水分补充能量时，Smoothie饮料包装从口感到营养都给了饮用者极大的满足，如图1–31所示。

3、流通功能

产品从出厂到销售，再从销售到消费者手中，是要经过流通的。一件商品在流通过程中可能需要装运很多次，所以，在进行包装的外形和结构设计时，需要充分考虑其流通功能，满足产品的存储、运输和携带等各个环节的要求。设计精美的巧克力包装采用了提手的设计，方便携带，如图1–32所示。而自有品牌The Deli Garage Multi Noodles包装不仅方便携带，还为每个不同形状的产品分别设计了小包装，运输和存储时更加方便，如图1– 33所示。

图1－30 日本包装精美的安全套　图1－31 Smoothie饮料包装

图1－32 精美的巧克力包装

图1－33 The Deli Garage
Multi Noodles包装

1.1.3 包装设计流程

包装设计只能是针对一部分消费群体，传达商品中一些有价值的和消费者所需求的信息。它不可能面面俱到地传达商品的全部信息，也不可能让所有的消费者都感到满意。设计定位就是由此而产生的与设计构思紧密联系的一种方法，它强调设计的针对性、目的性、功利性，为设计的构思与表现，确立主要内容与方向。关于设计流程有着各种不同的理解，它虽然不是构思的本身，但作为设计构思的前提与依据是具有重要意义的。

设计定位的主要意义在于把自己优于其他商品的特点强调出来，把别人没有考虑到的重要方面在自己的包装中突出出来，确立设计的主题和重点。

在以上几种基本的设计方法基础上，还可依据产品与市场的具体情况进行各种不同的组合，也就是在设计主题中同时包含多方面的内容，例如产品与品牌、产品与消费者、品牌与消费者等。经过组合的设计定位，一定要把握好互相间的有机联系和协调，其中仍然需要有相应的表现重点，避免互相冲突。不管采用什么样的设计定位，关键在于确立表现的重点。没有重点，等于没有内容；重点过多，等于没有重点，这两种情况都失去了设计定位的意义。

包装设计一般流程如图1–34所示。具体过程如下：

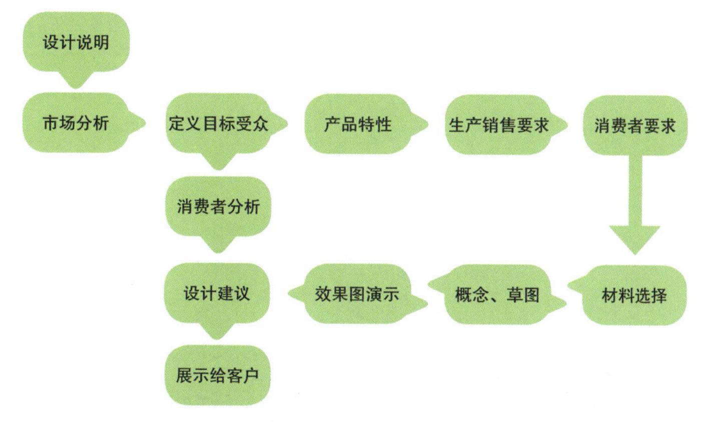

图1 - 34 设计流程图

（1）草图：是包装设计的最初呈现，记录了设计者设计构思发展的过程。一般情况下设计者会从草稿中选择最优秀的方案作为设计依据。如图1–35和图1–36所示为标志及字体、版式的设计草图。

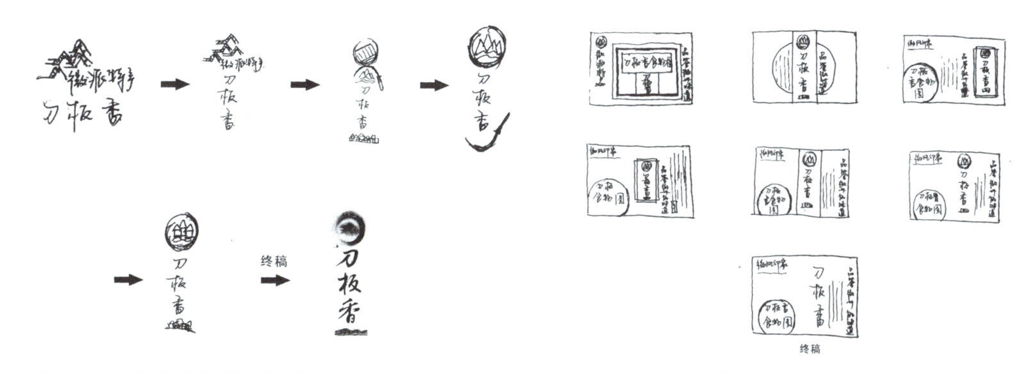

图1 - 35 标志及字体草图（设计者：叶娇艳）

图1 - 36 版式草图（设计者：叶娇艳）

（2）色稿：使用水彩、水粉等颜料或马克笔、彩色铅笔等工具将草图的构思具体化。在此阶段设计者对包装所采用的表现方式、印刷工艺。使用材料等均有了明确的想法，如图1–37和图1–38所示。

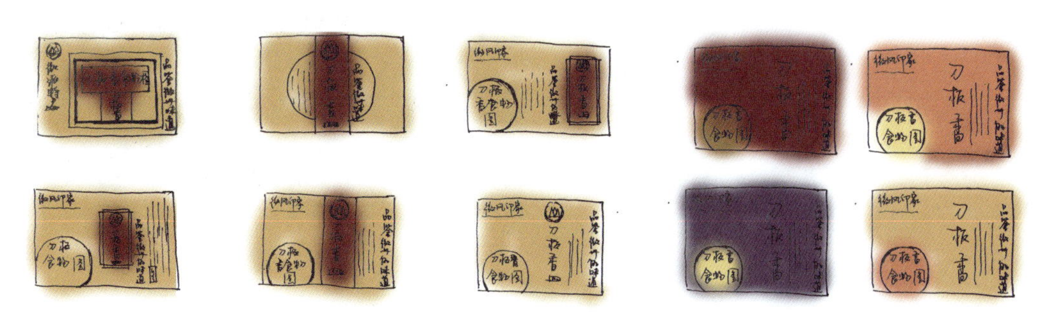

图1 - 37 色稿1（设计者：叶娇艳）

图1 - 38 色稿2（设计者：叶娇艳）

（3）模拟效果图：与客户沟通并修改设计方案后，根据色稿在计算机中进行详细的制作，包括设计各元素的具体位置和色彩，并给出对应的精确数值。同时还可以根据委托客户的需求制作成品的模拟效果，这样有助于更清楚地发现设计制作中存在的问题，如图1–39所示。

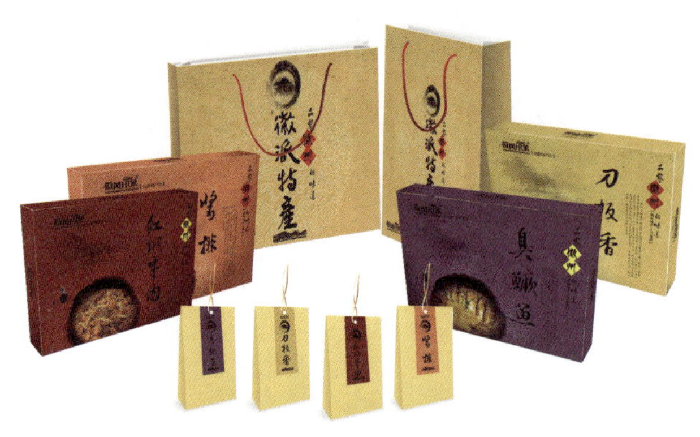

图1 – 39 计算机模拟效果图（设计者：叶娇艳）

（4）打样：彩色图片经过分色过同或电子分色后，通常会先试印，以检验分色后的色彩是否偏色，同时也可以作为正式印刷时的范本。打样通过印刷品的检验并与原稿校对后就可以开始印刷了，如图1–40所示。

（5）印刷：将设计制作的电子文件交给印刷输出公司印制，一般情况下，设计师要亲自跟单，因为在实际的印刷过程中，印刷技工的技术水平良莠不齐，设计师亲自跟单时，可对印刷品的色彩进行微调，最终达到满意的效果。

（6）成品：最后完成制作流程做出成品，如图1–41所示。

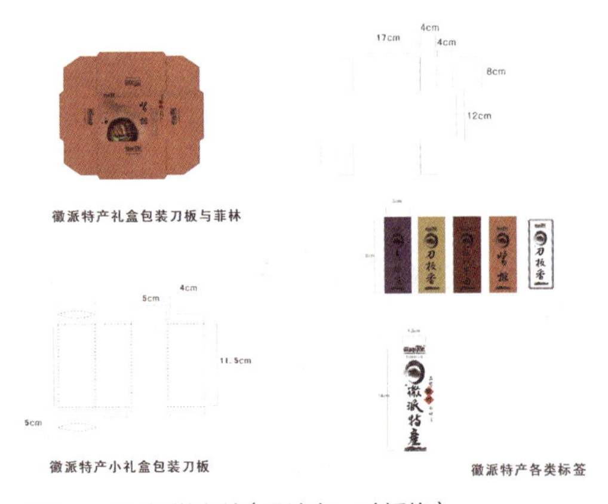

图1 – 40 打样文件（设计者：叶娇艳）

图1 – 41 成品（设计者：叶娇艳）

1.2 设计实战

本案例的设计要求是要设计一款风干牛肉干的包装，要求主题突出、寓意深刻，创意元素新颖，符合休闲食品行业的特色，吸引顾客朋友的视觉冲击力，醒目易识别。设计表现要求简约大气、突显雍容华贵，有亮点能够吸引顾客，要突出内蒙特产及悠久的文化传统。要求体现其四种口味，整个包装成一个系列，只是包装袋的颜色和品名不一样。设计效果图如图1–42所示。

图1 – 42 风干牛肉干包装设计（设计者：林洪）

设计工作的第一步，是对产品信息的调查，对市场上的牛肉干包装设计进行收集和分析，从中体会其他设计师的设计思路。首先我们找到了一些市场上知名产品的包装，进行设计分析。

大牧场牛肉干包装是昵图网上的设计师为蒙古佳礼做的包装设计。包装上应用的元素主要有：绘画风格的牛、蒙古包，以及具有蒙古族特点的装饰图案。在字体设计上选择了手写毛笔字及蒙古字体，配合黑体字。色彩上以金黄色为主，搭配了蓝色和红色。整个版面采用的是均衡式构图，整体感觉较高贵大气，有比较强的礼品感觉，如图1–43所示。

图1 – 43 大牧场牛肉干包装

昵图网设计师设计的五香牛肉包装如图1-44所示，其画面元素选择了牛肉的摄影照片，让消费者直观地看到产品，文字选择了中国传统书法字体，突出其悠久的文化底韵。手撕牛肉干包装色调整体为金色和黄色，插图使用了蒙古人煮食牛肉的场景，以突出其产地及历史，如图1-45所示。

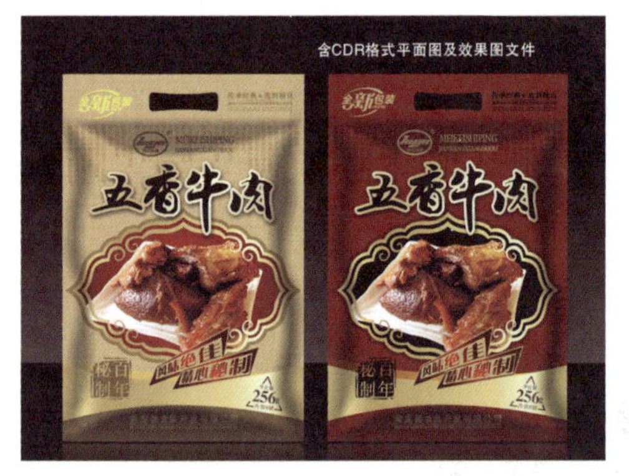

图1 - 44 手撕牛肉干包装

图1 - 45 手撕牛肉干包装

红树林设计机构设计的风干牛肉包装采用了蒙古特有的蒙古包形象作为外包装造型，在文字设计上采用了中国书法字体作为主体文字，以部分蒙文作为广告文字，将要出征的战士画面作为插图，达到宣传其产地形象的目的，如图1-46所示。

图1 - 46 秘制肉片包装

湖岭农家牛肉干与秘制肉片一样选择了卡通形象的设计，在元素选择上，则使用了国画风格的放牧的小孩与牦牛，体现巴蜀风格，文字使用了毛笔书法字体，如图1-47所示。图1-48这款牛肉干包装使用了一头健康活泼的小牛形象作为主要画面元素，用不同颜色来区别不同品种，突出口味，文字以宋体字为主。正面包含产品名、口味、商标等信息，同时预留了透明空间用于展示产品。

图1 - 47 湖岭农家牛肉干包装

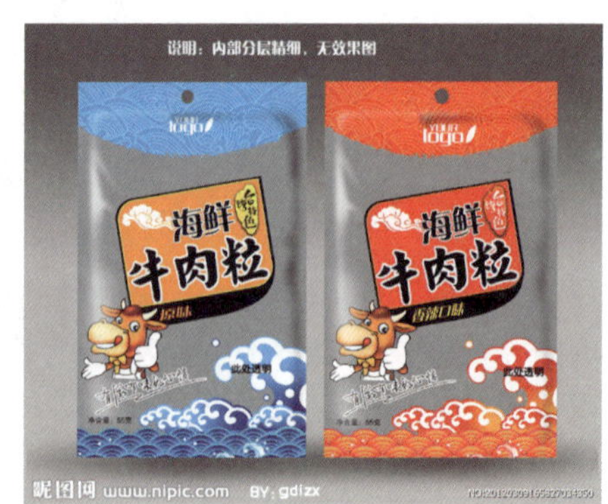

图1 - 48 牛肉干包装

通过对市场上常见牛肉干包装的分析，我们发现，在牛肉干包装中，牛的形象、代表产地的风光和传统的文字是主要应用元素，而颜色上，一般以黄、金色调为主。首先设计风干牛肉以牛的形象为商品标志的要素，提炼出牛的抽象几何形象作为画面的主要图形元素，如图1–49所示。以牛头图案经过排列作为底图，如图1–50所示。牛图案、传统装饰纹样的选用，期望能达到表达文化的感觉，如图1–51和图1–52所示。

查找牛形状资料并经提炼概括为抽象形态，确定品牌名称的文字形式，选择或设计图形及图案，确定说明文字，进行合理的编排设计，确定基本色调，体现出风干牛肉的产品属性。

图1 － 49 牛的形象

图1 － 52 传统装饰纹样

图1 － 50 牛头底纹

图1 － 51 牛图案

图1 － 53 文字风格

文字是包装设计的重要部分，包装可以没有任何装饰但不能没有文字。牛肉干包装的文字一定要简洁明了地体现商品属性，要用易懂易读易辨认的字体，不要使用过于烦琐的字体和不易辨认的文字。要考虑到消费者的辨识力，使人一目了然；适当运用书法字体，来体现该产品丰厚的底韵，体现清晰独特的品牌形象和中华民族悠久的文化历史。在本包装中，选择了传统书法文字作为主要元素，如图1–53所示。

接下来确定风干牛肉的包装形式，并把基本的创意构想、视觉要素构图形式，以草图的形式进行勾勒表现。再进行图形文字等基本设计要素的调整与深化。根据既定方案按照成品尺寸、印刷要求在计算机中进行完整的设计和制作，最后以标准的设计展开图效果图形式提交。整体效果参见图1–42。

1.3 经典案例

1.3.1 仿自然物包装设计

大自然的万事万物都可以激发设计师的创作灵感，许多优秀的作品都由此产生。这一系列精彩的包装设计，每一款都仿照了水果形态。这些把自然和现实融合在一起的产品，不仅趣味十足，还带给使用者美的享受，如图1–54和图1–55所示。

图1 – 54 设计草图

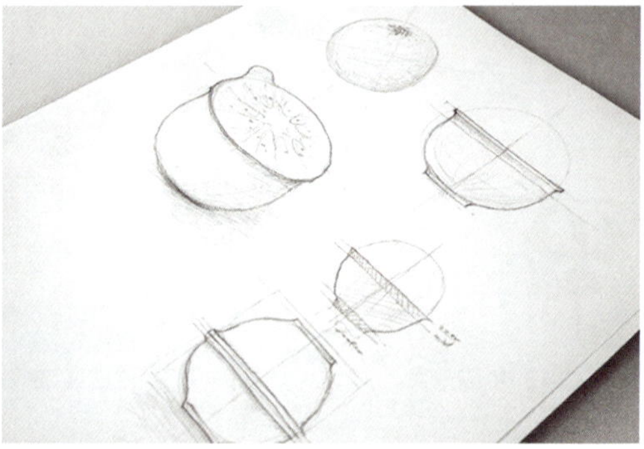

图1 – 55 盒型草图

Marcel Buerkle是一位来自南非的设计师，现居约翰内斯堡，从事产品包装设计多年。这是Marcel为一个名为Quick Fruit的果冻产品设计的概念包装，将果冻上方的塑料薄膜设计成水果的切面，看着这款包装，就犹如看到了一个新鲜的水果，特别诱人、特别可爱，如图1–56所示，共有3种口味，如图1–57所示。

图1 – 56 猕猴桃口味产品

图1 – 57 果冻系列产品

PERE饮料包装同样也是仿自然物形态设计，其包装外型惟妙惟肖地模仿了梨子的形态，如图1–58所示。而为儿童设计的饮料包装，酷似一只只胖胖的南极企鹅，十分可爱，如图1–59所示。

图1－58 PERE饮料

图1－59 儿童饮料

1.3.2 体现美国爱国精神的包装设计

美国国旗是星条旗，旗面左上角为蓝色星区，区内共有9排50颗白色五角星，以一排6颗、一排5颗交错，星区以外是13道红白相间的条纹。美国人认为国旗属于每一个国民所有，因此在美国，人们可以在任何他们喜欢的地方印上国旗。OMS服装包装的标志就是由美国国旗的形式进行简化而来，将蓝底白星的部分概括成了蓝色的圆点，并将这个形式不断简化，形成了一个叹号的形式，如图1–60所示。

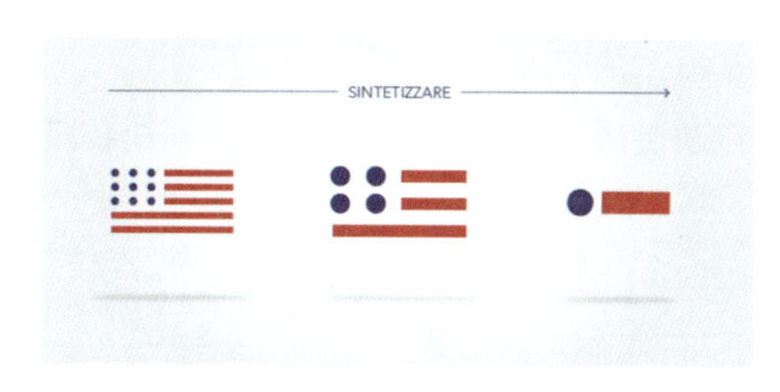

图1－60 标志设计过程

美国人大多喜欢鲜艳的颜色，明朗、活泼、亮丽的色彩。OMS服装包装的创意来自美国国旗，在颜色上，直接使用国旗的颜色红、蓝、白三色，通过色彩传递商品信息，吸引消费者注意。

OMS服装包装采用了简洁的企业表示字和标志设计为主体，简洁、直接，迎合了美国人购物直接的习惯，如图1–61和图1–62所示。

图1－61 OMS包装

图1－62 OMS包装

在标签设计上，同样以标志为主，体现了其设计的一致性与整体性，如图1-63和图1-64所示。

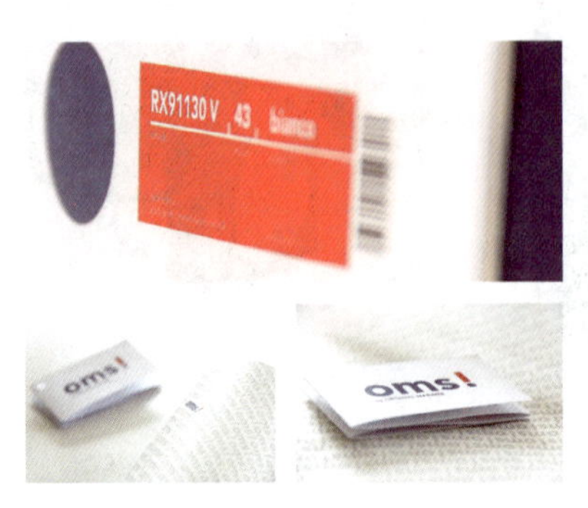

图1 - 63 标签设计

图1 - 64 产品应用

1.4 课后练习

一、浏览以下网址，了解相关包装信息：中国包装设计网（http://www.chndesign.com）、视觉中国（http://www.chinavisual.com）、红动中国（http://www.redocn.com）、设计在线（http://dolcn.com/data/cns_1/ ）、中国包装设计网（http://www.cndesign.com）。

二、借阅相关包装设计书籍，特别推荐：《美国包装设计模板》，卢克・赫里奥特、朱婕，上海人民美术出版社；《包装设计培训教程》，比尔・斯图尔特、张益旭、傅懿瑾、冯赟，上海人民美术出版社；《产品包装设计》，王安霞，东南大学出版社。

三、借阅《包装与设计》、《艺术与设计》、《包装设计工程》等杂志，了解最新包装设计趋势。

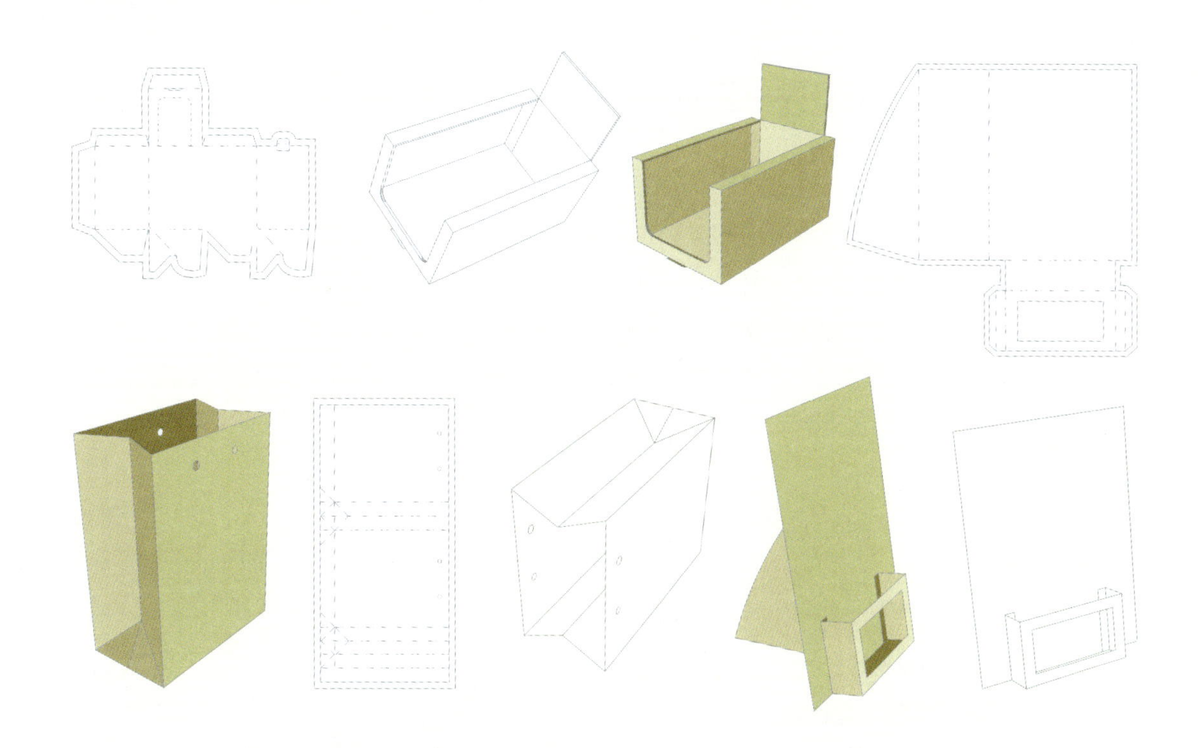

第二章：

包装设计定位与方法

训练目标：

本章主要介绍包装视觉传达设计的基本操作方法。通过对包装的调研和分析、定位和构思、表现和形式、制作规范这四个主要步骤的讲解和分析，启发学生绘制草图、开拓设计与制作包装的思路，设计独特的包装，逐渐深入地了解、熟悉包装视觉传达的操作流程，并运用到具体的实践操作中。

课时时间：

4 课时

参考书目：

《邱斌商品包装设计教程》（邱斌）

《包装分类设计》（和克智）

2.1 基础知识

对于设计师来说，接受委托设计，是工作开始的第一步。一般来讲，接受设计任务有以下几个途径：客户直接委托、设计公司外包、接受威客网任务、设计比赛、熟人推荐等等。不论是哪种途径得到的设计委托，在开始设计前，都应该对需要设计的商品和包装进行调研和分析，这是实现设计的必要阶段。很多在校学生由于时间和精力有限可以采用威客网上接受任务的方式，一步步接触到实际的案例，如图2-1和图2-2所示是猪八戒威客网和任务中国网的网页画面。

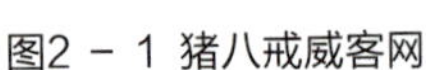
图2 － 1 猪八戒威客网

图2 － 2 任务中国网

2.1.1 调研和分析阶段

设计方的调查工作可以从“商品、品牌、顾客、卖场、对手、客户”等6个方面展开，进而分析出包装设计的定位。设计前的调研工作是明确设计方向、确保设计顺利进行的基本“预习作业”。设计师应该有适合自己的调研方式与内容，以确保为具体设计工作提供支撑。设计师调查的相关渠道通常有：与委托方直接的沟通交流、网络搜索、市场走访、图书资料查询、问卷调查，等等。

第一，产品定位要表明“这个产品是什么东西？”。根据商品的不同特点，去发现商品的优点，以实现差异化、个性化的包装设计；既要体现商品的行业属性，又要有效传达出商品的优势特色。了解商品本身的基本情况，包括产品的概念、形态、气味、色泽、质感、功能、价值和文化象征等。如调味食品－祖母的秘密，当设计总监拿到这个标题时，他就想到了当年关于祖母的温馨回忆，所以非常轻松地做出了这一系列设计，柔和的玻璃瓶外形可以摆放在厨房中，时刻想念起祖母的感觉，让人有温馨之感，如图2-3所示。糕点 Point G的新包装设计，来自Chez Valois，新包装突出一个“色”字，用丰富的色彩来挑动味蕾神经，同时包装更注重食用的方便性和可携带性，这是一套让人非常愉悦的VI设计，同时也明确地表明了产品的身份，如图2-4和图2-5所示。

图2 － 3 调味食品－祖母的秘密

图2 － 4 糕点 Point G的新包装设计

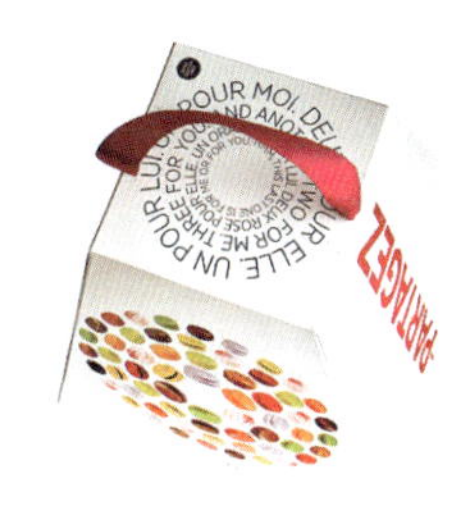

图2 － 5 糕点 Point G的新包装设计

同时还要考虑该商品的成长阶段。处于新兴阶段的商品，市场中的同质竞争较少，所以在包装信息传达上可以强化“新”的特定优势，并以独特的包装风格让人耳目一新、印象深刻。处于成熟期的商品，很可能业内竞争已经白热化，商品已经趋于饱和，并且因为同类型商品存在同质化，所以品牌形象的差异化通常会成为消费者选择的重点。处于衰退期的产品，可以通过价格调整及产品升级来重新唤起消费者的热情，而包装也需要在这些方面予以配合。Helios（太阳神）是挪威有名的有机食品品牌，挪威设计公司Uniform为他们的整个产品链所做的包装设计从色彩上来看都很丰富，一朵光彩绽放的太阳花，视觉效果简单有效，如图2-6和图2-7所示。

图2 － 6 有机食品Helios包装设计

大多数产品门类都会有一套该门类特有的“外观”。颜色、版式特征、平面元素的使用方法、包装结构和包装材料都有助于对该

图2 － 7 有机食品Helios包装设计

门类的外观和特征进行定义。如酒类包装paraje-de-los-bancales以黑白为主色调的整体设计极具意大利气质，线条简单，具有视觉冲击力，兼具奢华与简单，如图2-8所示。分析该门类产品中在货架摆放效果上最成功的范例，这样就会有助于创造出一件新包装的个性特征。与之相反，如果在设计中故意与一个产品门类的普遍包装式样背道而驰，也可能创造出独特的设计从而获得更强烈效果。了解新品牌的发展契机以及该产品门类中的潮流趋势，并始终关注目标消费者、该产品可被人感知的价值及其实际成本，这些就是本阶段所应考虑的一些重要方面。创意点子将会在这种研究和信息收集过程中出现。酒类包装由于玻璃材质的统一性，想要突出包装的亮点也变得不太容易，只有在造型和标签上下工夫，Gaspar Wine使用了独特的圆形酒标，在图形元素的设计上，采用了独特的色彩和图形，如图2-9所示。

还应考虑到产品是如何发挥其功能的，因为产品的功能表现最终影响了消费者的购买决策。所以应对产品的基本功能和附加功能进行评估，其中包括可靠性、使用便捷性（如何打开，如何处理）、各种材料的最佳使用方法、货架空间的利用、该结构在人体工程学上的优点、产品及包装在使用后的处理及对环境的影响。Moodley工作室所做的包装设计很注重色彩上的搭配，整体感觉新颖清新，尤其值得赞赏的是他们对细节重视，酸奶瓶底部可爱的条形码修饰让整个产品更加可爱，如图2-10、图2-11所示。Treasures尿布包装设计在尿布包装盒上大胆地描绘各种有趣的图案，小朋友可以通过设计师的提示将包装盒变成好玩的玩具，相信没有人不喜欢这样富有童趣和实用性的包装设计。设计师如此人性化的兴趣营销，没有家长和孩子会拒绝，如图2-12和图2-13所示。

第二，向消费者表明“这个产品是谁生产的？”。有关该公司和该品牌的背景信息、设计的

图2－8 paraje-de-los-bancales包装设计

图2－9 Gaspar Wine包装设计

图2－10 Toni酸奶包装

图2－11 Toni酸奶包装

图2 - 12 Treasures尿布包装设计

图2 - 13 Treasures尿布包装设计

商品有无品牌支撑、有无独特营销理念，这些是设计师鉴别包装类型，并预估包装的市场生存状态的重要依据。我们看到那些在大品牌庇护下的商品，因为有强势的品牌支撑，往往仅仅是在包装上突出了品牌一贯的特征，就会获得市场的认可。我们也看到另外还有不少商品，虽然没有强大的品牌支撑，但是凭着独特的营销理念，以及独特的包装策略，也有效地开拓了市场。这些有着独特营销策略的商品，通常并未全面而完善地将销售组合展开，而只是强化其直接影响消费者购买决策的重点环节——商品包装，便取得立竿见影、稳扎稳打的销售效果。饼干因为其零食商品的特性，消费对象多为孩子和女性，这决定了饼干的包装设计上也偏卡通或者女性化，TESCO饼干采用了独特的插画与镂空设计，可爱风趣，如图2-14所示。

图2 - 14 TESCO饼干

因为各种产品常常演化为产品系列（产品扩展），所以在为品牌规划未来时就必须对一种产品发展的长期目标进行了解。需要了解的内容包括该产品在品牌旗下的产品体系中的位置（也就是说要把该产品作为更大产品系统中的一部分来看待，或者根据实际情况将其作为该品牌旗下唯一的产品来考虑）、全球营销目标和该产品发展的长期目标。

多数情况下，品牌名称是包装设计中最为重要的元素，因为品牌与其目标消费受众之间关系的建立就是从这个名称开始的。品牌名称对品牌和产品的定义，对品牌的各项承诺提供了有利支持，并会在理想条件下给消费者留下独特、深刻的印象，从而为建立品牌资产以及品牌在消费者心目中的价值奠定基础。因此应当花费相当长一部分时间认真考虑如何通过视觉手段诠释该品牌名称，并由此开发出初步设计方案。mlk牛奶采用了黑白两色的统一包装设计，所有包装都采用了照片及素描表现形式，整体风格统一，如图2–15所示。巧克力品牌John & Kira's的包装设计让人赏心悦目，仿佛是来自圣诞老人的礼物般，手工感强的包装营造出来自友人的节日祝福般的亲切感，看了就让人心花怒放，不同的口味采用了不同的颜色，但是由于采用了同样的标志，整体风格统一，容易识别，如图2–16、图2–17和图2–18所示。

图2 - 15 mlk牛奶

图2 - 16 John & Kira's巧克力

图2 - 17 John & Kira's 巧克力

图2 - 18 John & Kira's 巧克力

第三，思考“这个产品是为谁生产的？卖给什么人？”。在包装设计之初，要多了解目标消费人群的意见和倾向，了解他们对这类商品最关心哪些方面的信息，而其中尤其关心的信息有哪几项，了解他们更容易接受或者预测他们可能接受的设计风格会是怎么样的。同时思考消费者的消费状态，一是消费者在购买、使用商品时的情绪与氛围；二是消费者在消费过程中对商品的具体体验感受。IFTHREQUISITE的牛仔裤包装设计采用的是清爽、简单的盒装方式，是年轻人喜欢的极简风格，如图2-19所示。Thymes高级洗浴产品，不论是产品还是包装都营造一种优雅、精致和艺术的效果，包装上采用了独特的插画设计、新印刷技术和新材料，让女性一见倾心，如图2-20所示。

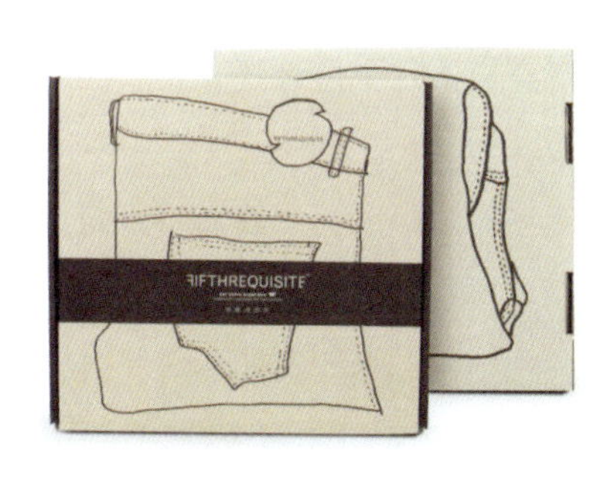

图2 - 19 IFTHREQUISITE的牛仔裤

图2 - 20 Thymes高级洗浴产品

第四，咨询“商品会在什么地方进行销售？”。不同的通路就会产生不同的消费行为（消费心理）。商品销售的主要卖场类型包括购物中心、百货商店、品牌专卖店、超市、店中店、专柜社区便利店、量贩店以及直销等，而新兴的网购、团购也日益呈现旺盛的生机。在不同的卖场中，商品的陈设条件与检索方式不尽相同，商品包装所承担的功能也不尽相同。Sir Richard's 安全套包装设计的多个系列只是颜色不同，简单明确，放在货架上让人一目了然，识别性非常出色。而这一系列安全套还有个重要的意义在于，它会免费向一些发展中和贫穷国家发放，力求为防止艾滋病作出贡献。整个包装看起来简洁，值得信赖，如图2-21和图2-22所示。

图2 - 21 Sir Richard's安全套

图2 - 22 Sir Richard's安全套

第五，分析对手的目的，在于寻找差异化定位。可以从产品、价格、形象、渠道等方面，去分析竞争对手，从而找到大家是怎么样的?我怎么与大家不一样?寻找差异化的核心是围绕“消费者需求”，或者说是围绕“消费预期”展开的。某果汁包装设计给人的第一感觉就是一种极端的吸引力，无论是瓶装的还是纸盒装的首要落脚点就在于吸引公众的目光，勾起顾客的购买欲望，如图2–23所示。日本HOYU是一家专门从事美发护发的机构，始建于1905年，HOYU从未停止过创新。HOYU3210是一个倒计时的概念，表示他们的产品在几秒钟内就能给消费者发型提供最完美的解决方案。瓶子的设计非常符合人体工程学，设计师说他完全是手工来捏造成这个独特的形状。HOYU3210有白色、黑色、透明三种颜色可选，突出了产品的简单性和纯洁性，而这样的产品在用完后，瓶子还可以当做装饰物保存，这与其他美发产品完全拉开了差距，与众不同，如图2–24所示。

图2 – 23 果汁包装设计

图2 – 24 HOYU3210包装设计

第六，对客户进行分析。在威客网上，每天出现的委托任务相当多，首先要具备一定的判断能力，客户是否具有设计包装的诚意，这一点很重要，如果盲目投标，时间、精力花下去，不一定能得到想要的效果。如果客户有其他包装已经应用，可以对他应用的包装进行分析，有可能这就是他想要的风格。男士剃须刀的包装设计往往与金属质感密不可分，这款松下剃须刀也不例外，这个来自日本的Arts Incorporated设计公司用柔和的水与金属质感巧妙结合，让我们惊喜不已，如图2–25所示。而这种设计风格，在其他松下家族的产品中，也可以发现，如松下耳机的创意包装设计，一个简单的包装，里面的耳机是一个“音符（二个八分音符）”，一个具有明确的视觉概念的包装，在市场众多耳机中它会是一个醒目的产品，如图2–26所示。

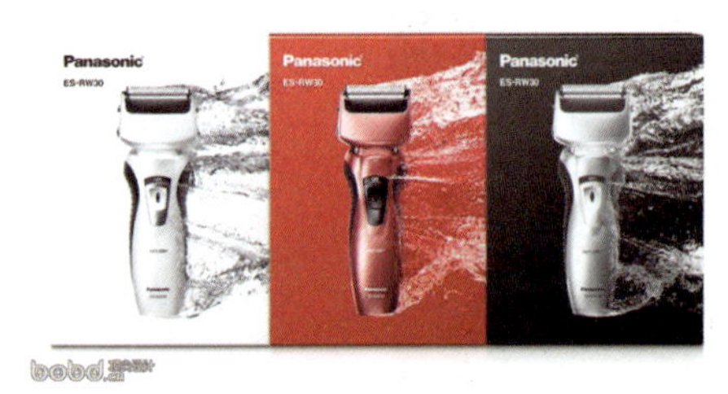

图2 – 25 松下剃须刀

图2 – 26 松下耳机的创意包装设计

在调研结束后，最好根据调研形成调研报告，有利于在设计中明确思路，对预算和成本、生产中的各项问题及限制因素进行估计，同时尽量对设计做一个时间规划，并了解各种环保政策及相关的管理规定。

2.1.2 设计阶段

包装设计是一项综合设计，有一定的设计程序。合理规划设计阶段，可以使工作更加轻松。

第一阶段：时间管理

准备工作的时间：在整个设计过程中，时间管理是最为关键的因素之一。在第一阶段，为了使创意被消费者的接受，必须进行研究，以便了解目标消费者的具体情况。

为了深刻体会该产品的个性特征、同类产品的竞争局面，以及包装设计将要发挥作用的具体零售环境，可以查阅各类书籍和杂志、去消费者进行购买的商店里进行实地考察、观看电视节目和电影、听一听目标消费者常会听的音乐、研究一下各种潮流趋势或者去图书馆。这些准备工作也许会花费时间，但却是非常值得的，这将有助于设计师更全面地设想各种契机和解决方案。

避免时间浪费：花费太多时间对无法适用于此次包装设计工作的方面进行研究则会偏离正确目标、造成时间的浪费。最浪费时间的做法就是挂在互联网上，打开各种无法提供相关信息的文章和网页。

可以建立一份工作时间表、日志，或对花费在一项设计工作上的时间进行记录，在整个创意过程中统观全局，实现时间的有效管理。很多设计公司都要求员工必须填写工作时间表，这也有助于安排预算开支。

有效管理创意过程也就意味着设计师能够每小时获得更多的收入，而且客户也能够更好地利用各项资源。

第二阶段：初步设计阶段

从一项可为视觉设计问题的解决勾画蓝图的策略或计划开始。尽管在包装设计中，总体的市场战略是由客户设定的目标决定的，但是在此阶段仍应该开发出不止一种设计方向或设计策略。从字体、图像和颜色的选择到结构形状的确定，一套经过清晰表述的包装设计策略应该能够应用于设计概念的方方面面。对各项设计策略的探索工作进行得越彻底，那么开发出符合客户期望值的设计概念的几率也就越高。

第二阶段的主要目标就是创意，这也意味着必须要摒除一切有关一件设计作品如何成型的固定想法。在设计过程的早期阶段，应该对每个创意点子进行认真考虑，应该缜密思考、详细询问，甚至提出一些会引发争论的刺激性问题。因为一些最佳设计概念可能会从当初仅被认为"还可以"的创意点子中演化而来，所以此阶段应该把所有提出来的创意点子作为可实施的设计想法加以考虑。

概念和策略是相辅相成的。设计作品通过视觉手段体现设计策略，而设计概念就是这一特定设计作品的主旨。概念，这种目标明确的设计安排通常从集思广益过程中发展而来，并且是一种通过视觉手段实施创意想法的途径。策略性考虑则是清晰设计概念的逻辑基础。体现一种新鲜视角或一种激进式设计途径的概念，也许会令该产品在同类竞争中脱颖而出。每个包装设计概念都应该是体现丰富创造力的独特设计，并最终能够吸引消费者的注意力。尽管为了符合产品门类的总体特征和吸引消费者的注意，设计的适合程度也是决定该产品包装效果的关键因素，但是另一方面，在探索设计概念的过程中又不能完全被各种实际考虑束缚手脚。

由于可以通过多种途径对每个设计方向进行诠释，进而通过视觉方式进行传达，因此也许仅从一个设计策略中就能轻易衍生出数个包装设计概念来。

举个例子，在小河中、小溪中或草堆中穿梭，胶靴可是相当实用的利器，但是很多年轻人对胶靴都不太接受，因为大部分厂家不重视胶靴的外观设计，而现在"Fisherman"这款胶靴，不仅要实现强大的实用功能，还要有其有不凡的时尚感，使年轻人喜欢。位于哈萨克斯坦首都阿拉木图的设计机构CREATIVE MARKETING PR在设计过程中，做了大量的工作，从胶靴的功能、使用环境等进行分析，从而得出了该包装的设计策略就是要表现其使用环境，如图2–27所示。

图2 – 27 Fisherman胶鞋包装设计初级阶段

设计是一个流动的过程。虽然一套表述清晰、定义精确的设计策略能够对一件包装设计工作的成功及其目标的实现起到积极的促进作用，但是设计的参考依据和设计的阶段安排也不是固定不变的。在整个设计过程中反复询问各类问题也是设计工作的一部分。概念构思、集思广益和试验就是包装设计领域用于概念开发的思考工具。好的构思，是作品成功的先决条件。

"Fisherman"品牌的胶靴设计，通过橡胶靴适应不同外界环境的主题来体现产品优良的保护性能。在设计的过程中，设计机构CREATIVE MARKETING PR对包装材料的选择、包装造型结构的组织、画面图案、文字编排的处理等方面作了全面的考虑，如图2–28所示。

图2 - 28 Fisherman胶鞋包装设计阶段

集思广益，这种由个人或小组进行的随意构思过程或者说点子创想过程，也许就是激发新概念和新思路的一种途径。在这一过程中，从关于该产品、名称、结构、门类和目标市场的任何直接联想到与该产品或该门类相联系的各种无意识感觉，可以想到的、与这项设计任务相关的所有想法都应该记下来，列出一份形容词清单，不要自己进行编辑或删除，一个人认为不恰当的设计想法也许在另外一个人看来就是一个出色的设计概念。集思广益的过程不应仓促进行、草草了事，有时一些最佳的创意想法就是在看似再也考虑不出任何新点子的时候才出现的。

Fisherman胶鞋包装，以海底世界为构思，既符合胶鞋所运用的场所又强调胶鞋质量，有增强外包装创意又美观的设计感，把标志中的字母“S”变形为鱼钩，广告语非常具有挑逗性“for fish & for man”，如图2–29所示。设计公司对该产品的功能进行了详细分析，在包装的使用说明中对胶靴结构进行了详细说明，如图2–30所示。

图2 - 29 Fisherman胶鞋标志

图2 - 30 Fisherman胶鞋说明

第三阶段：设计的具体表现

创建一份“借鉴材料”是第一阶段中的一项重要工作。借鉴材料就是为某项特定设计任务而收集的视觉参考资料。不仅在激发设计灵感方面，而且在该产品或该品牌视觉关键点的定位方面，这份借鉴材料都是一项非常宝贵的资源。借鉴材料可以是从各种标签、挂牌、广告、明信片、邀请函、杂志剪报或壁纸图案中得来的平面设计作品、字体风格、照片、插画等。Fisherman胶鞋创意包装通过3D模拟胶靴踏在水中、鱼群环绕胶靴的情景，如图2–31、图2–32所示。

图2 - 31 Fisherman胶鞋平面设计

图2 - 32 Fisherman胶鞋平面设计

可以把借鉴材料作为对布局、风格和版式进行设计的出发点，而且这些材料也有助于创意点子的开发、设计手法的改进以及创意途径的选择。这些视觉参考资源还会为各种平面元素、字体和图像的开发过程增添一些新鲜手法，或者将设计思路引入一套完全不同的创意背景。一份借鉴材料不仅是保持创意思路时刻畅通的有效手段，也会使产品特征的形象化过程更为容易。这样一来，开始一件设计工作就不会那么令人恐惧了。

构图是构思的具体化，即把构思所决定的表现内容，通过设计者对内容的理解以及设计者的艺术素养加以组织，成为一种具体的形象安排。色彩对人们的视觉来说是最敏感的，有了构思与构图之后，选择恰当的色彩体系就显得非常重要了。Fisherman选择了光线照射下的水环境，整体色调为蓝色，并且在构图上，包装上的胶靴刚好和包装盒上的胶靴合二为一，非常巧妙，如图2-33和图2-34所示。

根据不同的商品、不同的材料，以及印刷工艺，设计出相应的效果图及包装实物。Fisherman胶鞋在使用的过程中，还考虑到了人体工程学，携带方便，如图2-35所示。

图2 - 33 Fisherman胶鞋包装设计

图2 - 34 Fisherman胶鞋包装结构

图2 - 35 Fisherman胶鞋包装携带方便

2.1.3 包装定位管理

包装设计只能是针对一部分消费群体，传达商品中一些有价值的和消费者所需求的信息。它不可能面面俱到地传达商品的全部信息，也不可能让所有的消费者都感到满意。设计定位就是由此而产生的与设计构思紧密联系的一种方法，它强调设计的针对性、目的性、功利性，为设计的构思与表现形式确立主要内容与方向。设计定位的主要意义在于把自己优于其他商品的特点强调出来，把别人没有考虑到的重要方面在自己的包装中突出出来，确立设计的主题和重点。

想要开发一套完整又有系统的思考模式，确实不是一件容易的事。很多设计师在进行设计工作时，心里常有着属于自己的一套创意思考逻辑，一些设计公司也一定有一套完整的创意思考“管理表”，来协助创意人员进行设计工作。参见表2-1和表2-2，一套有效的思考模式的确可以帮助设计工作有条理、系统的进行，并且可以用理性、客观的角度来评估或筛选思考的方向，才能准确达到有效传达商品定位的信息。

表 2-1 包装定位管理表

序号	包装设计定位问题	调研结果	对应设计策略
1	产品门类的特征		
2	产品门类的发展趋势		
3	现有品牌资产		
4	包装结构		
5	产品定位		
6	产品成本		
7	产品名称		
8	零售渠道		
9	货架定位 / 同类产品竞争		
10	目标消费者		
11	技术考虑因素		
12	国家法规、法则及相关行业要求		
…	………		

表 2-2 包装设计管理表

序号	会对工作产生影响的问题	调研结果	包装重新设计对策
1	产品门类是否发生变化		
2	产品成分是否发生变化		
3	包装材料的变化		
4	包装结构的变化		
5	突破同类产品的竞争，保持视觉效果上的领先地位		
6	为了便于进行全球销售而在包装上新增了几种外语		
7	包装上文稿的修订		
8	现有品牌的优点或者品牌资产是什么		
9	包装设计中需要保留哪些品牌资产元素		
10	品牌是否需要重新定位以便保持其竞争优势或保持其市场份额		
11	需要突出的视觉元素是什么		
11	色彩是否需要再次设计		
12	文字与版式安排		
…	……		

2.2 设计实战

在包装设计过程中，各个阶段都有其任务，以下是海鲜包装设计草图及效果图，如图2–36所示。

图2 – 36 海鲜包装设计过程（何紫歆设计）

2.3 经典案例

2.3.1 定位于都市白领的简约牛仔裤包装设计

IFTHREQUISITE的牛仔裤定位于25~38岁的都市白领，他们向往时尚、追求时尚，但同时又内敛、不夸张，他们是感性的且有一定的文化修养，在不经间流露出的是他们那与众不同的气质。IFTHREQUISITE的牛仔裤融合最新流行元素，注重细节变化和整体的搭配效果，设计风格以时尚表现形式完美包装都市年轻人，充分彰显现代人的魅力和自信，简约的设计、别致的细节变化、柔软的面料、精巧的剪裁做工浪漫的色彩，更适合现代人的需求和文化品位。

IFTHREQUISITE的牛仔裤包装设计采用的是清爽简单的盒装方式，上面的牛仔裤图案让购买者对产品一目了然，还便于运输、店面陈列、商家拿取、购买者回家之后整理收藏，如图2-37所示。

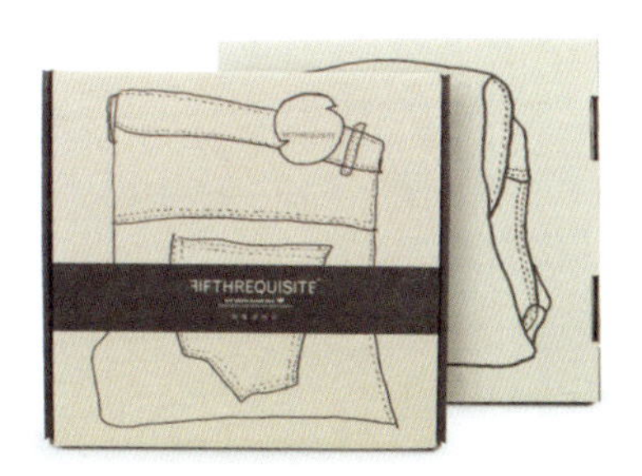

图2 - 37 牛仔裤包装效果

盒子的设计也突出了牛仔材质的味道，简约的同时又不缺乏质感，如图2-38所示。在包装侧面有手写的元素，标注在盒子上，也是点睛之笔，如图2-39所示。

图2 - 38 简洁的绘画

图2 - 39 文字版式

2.3.2 重视使用感受的卫生产品包装设计

美国学生Kyle Tolley和Sarah Graves为Period卫生巾和卫生棉条包装重新进行了设计。这次设计是为了重新塑造卫生防护产品类别给人的印象。虽然购买这类产品通常为女性，但偶尔也有男性帮忙购买，因此，包装设计的出发点便落在购买者的感受上，他们应当觉得有自信，而不是尴尬。而且该产品包装可回收，比较环保，如图2-40所示。减少胶水的使用，采用折叠盒型，通过结构来固定包装，如图2-41所示。

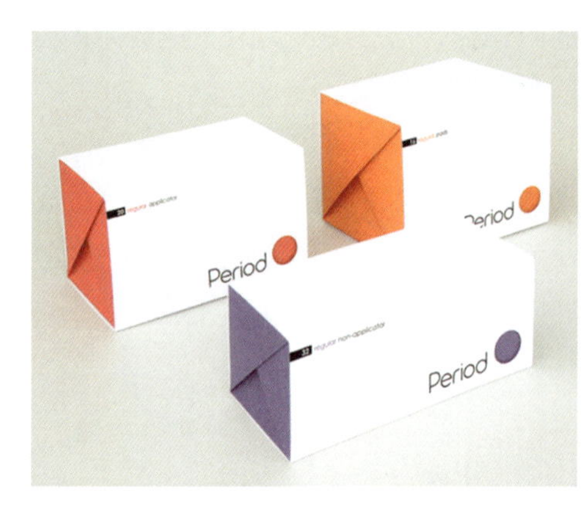

图2 - 40 卫生棉系列包装

图2 - 41 包装局部

2.4 课后练习

【作业一】

作业题目：针对某一种类食品或日用品包装的发展趋势进行市场调研，填写包装定位调查表和包装设计分析表，练习草图绘制。

作业形式：市场调研报告及手绘效果图。

相关规范：选定某样商品作为设计对象，进行市场调查绘制手绘效果图。

【作业二】

作业题目：在威客网上找到自己感兴趣的案例，如，哈尔滨康夷宝卫生保健用品有限公司产品设计：（1）康夷宝洁肤柔湿巾（80片高档盒装）；（2）康夷宝洁肤柔湿巾（10片启封装）；（3）康夷宝女士湿巾（10片启封装）。

作业形式：包装定位调查表、包装设计分析表、绘制草图。

相关规范：进行市场调查，对此包装的改良提出新的设计定位，绘制手绘效果图。

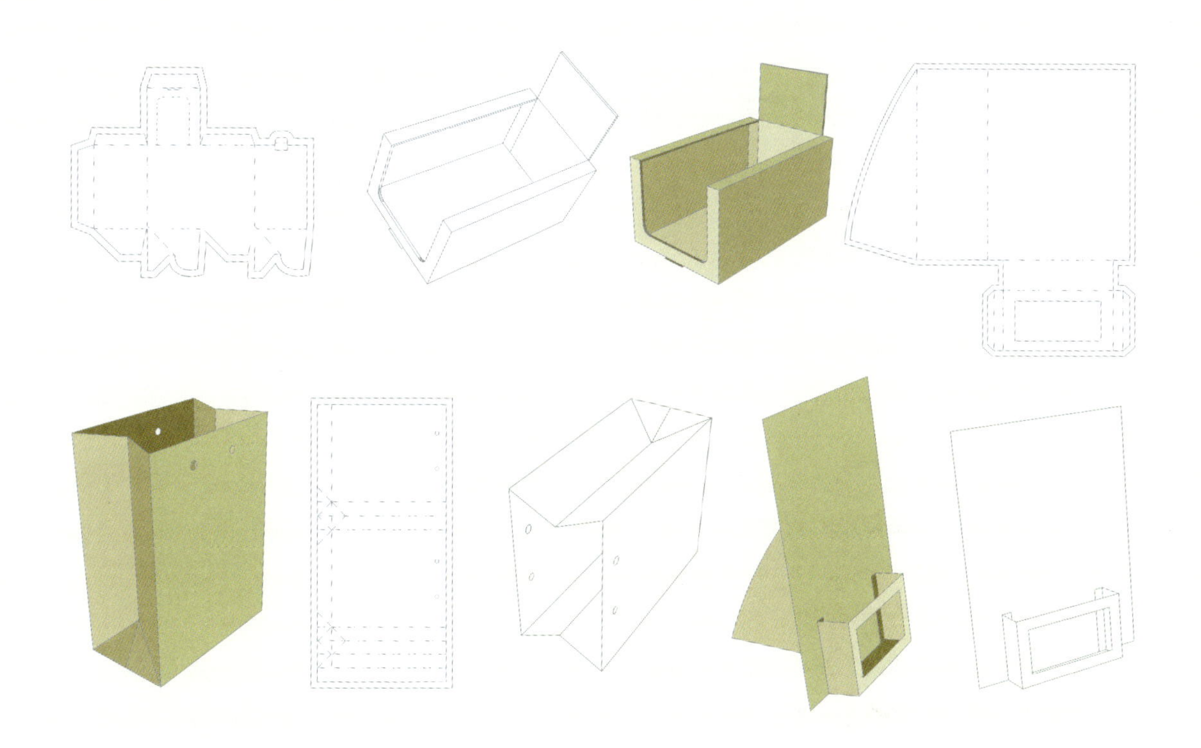

第三章：

纸盒包装结构及包装材料

训练目标：

通过学习，使学生了解包装中最为常见的纸盒、包装的结构和功能，学习如何对包装结构进行符合内容物要求的设计。

课时时间：

4 课时

参考书目：

《纸包装结构设计》（孙诚）

《包装材料与结构设计》（刘春雷）

3.1 基础知识

3.1.1 常见纸盒包装结构

纸盒包装最常用的分类方法是按照其加工方式来划分，一般分为折叠纸盒和粘贴纸盒。

1. 折叠纸盒

折叠纸盒按成型方式可分为管式、盘式、管盘式和非管非盘式等几大类，是结构和造型变化最多的一种销售包装容器，一般选用厚度在0.3~1.1mm之间的耐折纸张或者B、E、F、G等细瓦楞纸板制造。可以根据局部结构的不同进一步细分，并且可以增加功能性结构，如结合开窗提手等。

根据包裹物体内容的不同，选择的折叠方式也不同。使用什么样的包裹方式更有利于物体的保护，并且使用方便，需要认真考虑。综合来看可以 把折叠纸盒分为3类。

（1）把物体放置在中心包裹，即管式折叠纸盒，常用于包装酒瓶，药瓶等，如图3–1和图3–2所示。

图3 – 1 管式折叠纸盒

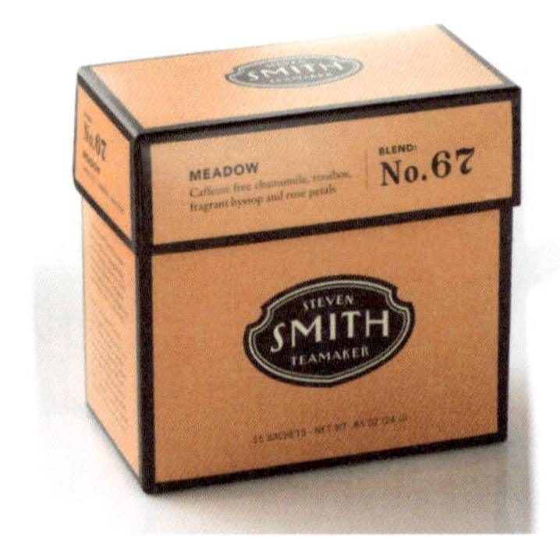

图3 – 2 管式折叠纸盒

（2）水平环绕物体包裹，即盘式折叠纸盒，常用于衬衣、食品，其展示面积较大，如图3–3和图3–4所示。

图3 – 3 盘式折叠纸盒

图3 – 4 盘式折叠纸盒

（3）垂直环绕物体包裹，即非管非盘式折叠纸盒，常用于包装啤酒和饮料等，如图3-5和图3-6所示。

图3 - 5 非管非盘式折叠纸盒

图3 - 6 非管非盘式折叠纸盒

折叠纸盒具有成本低，强度较好的特点，并且具有良好的展示效果，适合大、中批量生产。与粘贴盒和塑料盒相比，它占用空间小，而且造型结构变化多，能进行盒内间壁、摇盖、延伸、开窗等多种处理。

图3 - 7 固定纸盒－对口盖盒

2. 粘贴纸盒

粘贴纸盒又名固定纸盒。粘贴纸盒成型后不能折叠，一般选择挺度高或耐折纸板，如用草纸板制作盒坯，经装订或粘贴后，外形固定，强度与刚度好，其表面可以裱糊、绸、绢、革、金属箔、彩色纸、铜板印刷纸、蜡光纸等，但在运输空纸盒过程中浪费空间且易损坏。

图3 - 8 固定纸盒－变形盖盒

这种纸盒由于成型后其形状固定，即使在未装物时，也不能再折成平板状进行堆码和储存运输，所以又叫固定纸盒。粘贴纸盒主要通过手工制作，故也称手工纸盒。

图3 - 9 固定纸盒－对开盖盒

粘贴纸盒盒型的结构形式与折叠纸盒一样，分为管式和盘式两类。常见的盘式纸盒有：对口盖盒、变形盖盒、对开盖盒、罩盖盒等，如图3-7、图3-8、图3-9和图3-10所示。

固定盒中盘式盒型为常见盒型，此类纸盒型式各异，有方形、六角形、八角形、鸡心形、圆形、扇形等，如图3-11所示。盒盖有平面的也有凸面

图3 - 10 固定纸盒－罩盖盒

的，盒底部可另加支脚或围脚，或是抽屉盒，如图3-12所示。

图3 - 11 固定纸盒-八角形　　图3 - 12 固定纸盒-抽屉盒

3.1.2 纸盒包装结构设计方法

1. 改变包装比例尺寸法

改变包装设计的一维、二维或三维的尺寸，使包装的造型发生变化，如，将传统比例包装的高的比例加长，形成独特的外观造型。另外还有将盒型拉长或压扁，或者将某个边线倾斜，形成独特的盒型，如图3-13和图3-14所示。

图3 - 13 边线压扁

图3 - 14 边线压扁

2. 包装展示面的加减法

在不影响包装保护功能和成型工艺的条件下，可将容器由四面体增加到六面体或八面体，如图3-15和图3-16所示。

图3 － 15 增加面体

图3 － 16 增加面体

也可以由八面体减少到五面体，产生一种全新的造型感受，如图3–17和图3–18所示。

图3 － 17 减少面体

图3 － 18 减少面体

3. 切角增面法

在不影响形态和功能的前提下，可以应用造型方法将包装进行切角变化，设计更加特别的造型，如图3–19和图3–20所示。

图3 － 19 切角设计

图3 － 20 切角设计

4. 边线曲直对比设计

改变包装的边线设计，实现曲线和直线的相互转化，可以塑造不同感觉的包装造型，如图3-21和图3-22所示。

图3 － 21 曲线边线

图3 － 22 曲线边线（燕麦包装）

5. 盒盖造型设计

盒盖的结构要便于商品的进入和取出，商品装入后不会自己张开，而且便于开启。管式折叠盒盖分为插入盖、锁口式、正揿式及黏合式。插入盖通过插舌与盒体的摩擦将盒盖固定。锁口式是指主盖板的锁舌或锁舌群插入相对盖板的锁孔内，封口牢固可靠，但开启稍显不便，如图3-23所示。

图3 － 23 锁口式盒盖设计

正揿式是指在纸盒盒体上制成折线或弧线的压痕，利用纸板本身的挺度和强度，揿下盖板来实现封口。正揿式包装在使用过程中操作简便，节省纸张。举个例子，喜欢吃薯片的细心女生大都会准备一些密封夹，用来将尚未吃完的促销大包装薯片的开口密封起来，就不会让薯片受潮变软。而这款全新设计的薯片包装则可以为您省下密封夹的配备费用，只需轻轻一捏，包装开口就会因为事先裁好的折痕紧密合拢，很省事。此外，纸品外包装还减少了原来塑料包装的回收处理成本，如图3-24和图3-25所示。

图3 - 24 薯片包装

图3 - 25 薯片包装

黏合式是利用黏合剂将盒盖固定，封口牢固，但只能开启一次，涂胶的方式有单条涂胶和双条涂胶，如图3-26所示。

图3 - 26 黏合式设计

6. 便携式提手设计

通过增加包装的提手，设计成手提式包装，整体造型会产生较大的变换。可以采用综合材料，如绳、塑料等，也可以一纸成型，如图3-27和图3-28所示。在设计时，要考虑不同的内装物的重量来设计提手的尺寸与大小。根据不同包装主体造型及商品特性，考虑增强提手强度，避免撕裂，同时要考虑在未包装商品前便于压扁运输和储存，在包装后把手可拆开，不影响堆叠和使用。

图3 - 27 便携式提手设计

图3 - 28 便携式提手设计

7. 开窗展示设计

通过开窗展示可以使消费者直接看到商品的部分内容，开窗在包装的位置变化比较自由，做到“眼见为实”，以增加消费者的信心，如图3-29和图3-30所示。

图3 - 29 开窗展示设计

图3 - 30 开窗展示设计

在设计时要注意，不要破坏结构的牢固性和对商品的保护性，不要影响品牌形象的视觉传达，注意开窗形状和商品露出部分的视觉协调性，如图3-31和图3-32所示。

图3 - 31 开窗展示设计

图3 - 32 开窗展示设计

8. 图形式纸盒设计

在包装造型设计上模仿一些自然界生物、植物以及人造物品的形态特征，通过简洁概括的表现手法，使包装形态更具有形象感、生动性和吸引力，如图3–33所示。坚果包装设计，抽象地采用开心果的造型和开口形状，包装里面封装了一个托盘，在打开包装时就能直接享受美食，如图3–34所示。

图3 - 33 图形式纸盒设计

图3 - 34 图形式纸盒设计

9. 组合设计

将一系列相同或相近的包装进行结合或者组合成一个系列，增加包装的趣味性，如图3–35、图3–36所示。

图3 – 35 组合设计

图3 – 36 组合设计

3.1.3 纸盒包装设计原则

纸盒包装造型设计不是一种几何形态的随意拼凑或选择，其整体造型首先要根据产品的形状确认，哪一种更好？则要综合考虑各种因素，确定整体造型的风格后才能进行包装造型的局部、细节和结构设计。在基本形态的基础上根据产品的实际形态和尺寸分析并确定包装的尺寸与形状，并设计出纸盒型状的必要结构。纸盒设计的原则上，中、小包装均采用一纸成形，在保证造型和强度的前提下尽量减少粘贴连接的部位，以插卡式、裱糊式或折叠式结构为主，简化成型的工艺。纸盒包装造型设计主要采用外观造型设计和内观造型设计两种不同的方法具体设计原则如下。

1. 整体设计原则

- 整体设计应满足消费者在决定购买时首先观察纸包装的主要装潢面（即包括主体图案、商标、品牌、厂家名称及获奖标志的主要展示面）的习惯。
- 满足经销者在进行橱窗展示、货架陈列及其他促销活动时让主要装潢面面对消费者以给予最强视觉冲击力的习惯。
- 满足大多数消费者用右手开启盒盖的习惯。

2. 结构设计原则

- 折叠纸盒接头应连接在后板上，在特殊情况下可连接在能与后板黏合的端板上，一般不要连接在前板或能与前板黏合的端板上。

- 纸盒盖板应连接在后板上（黏合封口盖与开窗盒盖板除外）。
- 纸盒主要底板一般应连接到前板上。这样，当消费者正视纸盒包装时，观察不到因接缝而引起的外观缺陷或由后向前开启盒盖而带来取内装物的不便。

3. 装潢设计原则

- 纸盒包装的主要装潢面应设计在纸盒前板（管式盒）或盖板（盘式盒）上，说明文字及次要图案设计在端板或后板上。
- 当纸盒包装需直立展示时，装潢面应考虑盖板与底板的位置，整体图形以盖板为上，底板为下（此情况适宜于内装物不宜倒置的各种瓶型的包装），开启位置在上端。
- 当纸盒包装需水平展示时，装潢面应考虑消费者用右手开启的习惯，整体图形以左端为上，右端为下，开启位置在右端。

3.1.4 常见包装材料

包装材料是指用于制造包装容器、包装装潢、包装印刷、包装运输等满足产品包装要求所使用的材料，它即包括金属、塑料、玻璃、陶瓷、纸、竹本、野生蘑类、天然纤维、化学纤维、复合材料等主要包装材料，又包括涂料、黏合剂、捆扎带、装潢材料、印刷材料等辅助材料。常用的包装材料有以下几种。

1. 纸张

纸张是我国产品包装的主要材料，品种很多，主要有以下几种。

（1）白板纸:有灰底与白底两种，质地坚固厚实，纸面平滑洁白，具有较好的强度、表面强度、耐折性和印刷适应性，适用于做折叠盒、五金类包装、洁具盒等，也可以用于制作腰箍、吊牌、衬板及吸塑包装的底托。由于它的价格较低，因此用途最为广泛，如图3–37所示。

（2）铜版纸:分单面和双面两种。铜版纸主要采用木、棉纤维等高级原料精制而成。每平方米在70克至300克。250克以上称为铜版白卡，纸面涂有一层白色颜料、黏合剂及各种辅助添加剂组成的涂料，经超级压光，纸面洁白，平滑度高，黏着力大，防水性强，油墨印上去后能透出光亮的白底，适用于多色套版印刷，印后色彩鲜艳，层次变化丰富，图形清晰，适用于印刷礼品盒和出口产品的包装及吊牌。克度低的薄铜版纸适用于盒面纸、瓶贴、罐头贴和产品样本，如图3–38所示。

（3）胶版纸:有单面与双面两种，胶版纸含少量的棉花和木纤维，纸面洁白光滑，但白度、紧密度、光滑度均低于铜版纸，适用于单色凸印与胶印印刷，如信纸、信封、产品使用说明书和标签等，在用于彩印时会使印刷品暗淡失色。它可以在印刷简单的图形、文字后与黄板纸或灰板纸裱糊制盒，也可以用机器压成瓦楞纸，置于小盒内作衬垫。

（4）卡纸：白卡纸纸质坚挺，洁白平滑；玻璃卡纸面富有光泽；玻璃面象牙卡纸纸面有象牙纹路。卡纸价格比较昂贵，因此一般用于礼品盒、化妆盒、酒盒、吊牌等高档产品包装，如图3–39、图3–40所示。

（5）牛皮纸：牛皮纸本身灰灰的色彩赋予它丰富多彩的内涵力，以及朴实憨厚感，因此只要印上一套色，就能表现出它的内在魅力。由于它价格低廉、经济实惠等优点，设计师们都喜欢用牛皮纸来设计包装袋。牛皮纸的包装总会带来亲切的感觉，美国的Kayd Mustonen用牛皮纸设计的甜点包装，让我们感到这是真正的手工烘焙，而且加上温暖的色调，更加深了手工制作的亲切感。从字体的运用到细节的设计都能看出设计者的用心，如图3–41和图3–42所示。

图3 – 37 白板纸包装

图3 – 38 薄铜版纸罐头贴

图3 – 39 卡纸包装　图3 – 40 卡纸包装

图3 – 41 牛皮纸包装

图3 – 42 牛皮纸包装

（6）艺术纸：一种表面带有各种凹凸花纹肌理的、色彩丰富的艺术纸张。它加工工艺特殊，因此价格昂贵，一般只用于高档的礼品包装，增加礼品的珍贵感。由于纸张表面的凹凸纹理，印刷时油墨不能百分百覆盖，所以不适于彩色胶印，如图3–43所示。

图3 － 43 艺术纸包装

（7）再生纸：一种绿色环保纸张，纸质疏松，初看像牛皮纸，价格低廉。由于它具备的这些优点，世界上的设计师和生产商都看好这种纸张。因此，再生纸是今后包装用纸的一个主要趋势，如图3–44所示。

图3 － 44 再生纸包装

（8）铝箔纸：用于高档产品包装的内衬纸，可以通过凹凸印刷，产生凹凸花纹，增加立体感和富丽感，能起到防潮作用。它还具有特殊的防紫外线的保护作用，耐高温，保护商品原味和阻隔空气效果好等优点，可延长商品的寿命。铝箔纸还被制成复合材料，广泛应用于新包装。Adrian Gilling，这位毕业于密尔瓦基艺术设计学院的学生为vin.葡萄酒设计的包装，他只是用了简单的角和金属材质去打破葡萄酒的传统设计，用闪闪发光的铝箔纸去分割成错落有致的三角形组合，如图3–45所示。

（9）玻璃纸：有本色、洁白和各种彩色之分。玻璃纸很薄但具有一定的抗张性和印刷适应性，透明度强，富有光泽，用于直接包裹商品或者包在彩色盒的外面，可以起到装潢、防尘的作用，如图3–46所示。玻璃纸与塑料薄膜、铝箔复合，成为具有这三种材料特性的新型包装材料。

图3 － 45 铝箔纸包装　　图3 － 46 玻璃纸包装

（10）箱板纸（又称瓦楞纸）:用途广泛，可以用做运输包装和内包装。通过瓦楞机加热压成有凹凸瓦楞形的纸，根据瓦楞凹凸的大小，分为细瓦楞与粗瓦楞。一般凹凸深度为3毫米的为细瓦楞，常常直接用于为玻璃器皿防震的隔挡纸。凹凸深度为5毫米左右的为粗瓦楞，如图3-47所示。刘晓春在“世界学生之星”中设计的包装简洁大气，采用瓦楞纸为包装的材料，设计简单合理，方形的设计形式易于摆放、运输，包装易于加工，可实现批量化生产，所选的瓦楞纸可回收再利用，容易降解，绿色环保，如图3-48所示。

图3 - 47 箱板纸包装

图3 - 48 箱板纸系列包装

2. 塑料包装

塑料是以合成的或天然的高分子化合物，如合成树脂、天然树脂等为主要成分，在一定温度和压力下可塑制成型，并在常温下保持其形状不变的材料。塑料包装在包装中的应用仅次于纸类，包括各种薄膜、小型容器（筒、杯、罐、盘）、中空容器（瓶）、运输周转容器、泡罩、发泡件等，如图3-49和图3-50所示。

图3 - 49 塑料包装

图3 - 50 塑料包装

3. 木头包装

木材是常用的原始包装材料之一，以木材制品和人造木材、板材制成的包装称为木质包装，常见的木质包装容器有木盒、木桶、花格箱等，既可以做销售包装或者礼品包装，也可做大型运输包装，如图3-51和图3-52所示。

图3 - 51 木头包装　　　　图3 - 52 木头包装

4. 玻璃包装

玻璃与陶瓷同属于硅酸盐类材料，是两种古老的包装方式。玻璃与陶瓷包装的相同之处是材质相仿、化学稳定性好，但是成型、烧制方法不同。玻璃是先成材后成型，陶瓷是先成型后成材。玻璃是由石英砂、石灰石、烧碱等物质在高温下熔融，再经冷却获得的，造型自由，品种多样，如图3-53和图3-54所示。

图3 - 53 玻璃包装

图3 - 54 玻璃包装

5. 陶瓷包装

以黏土、长石、石英等天然矿物为主要原料，经粉碎、混合和塑化，按用途成型，并经装饰、涂釉，然后再高温下烧制而成的制品称之为陶瓷，如图3-55和3-56所示。

图3 － 55 陶瓷包装

图3 － 56 陶瓷包装

6. 金属包装

金属对水、气等透过率低，不透光，能有效地避免紫外线等对商品的有害影响，能够长时间保持商品的质量，因此，被广泛应用于粉状食品、罐头、饮料、药品等包装，如图3–57和3–58所示。

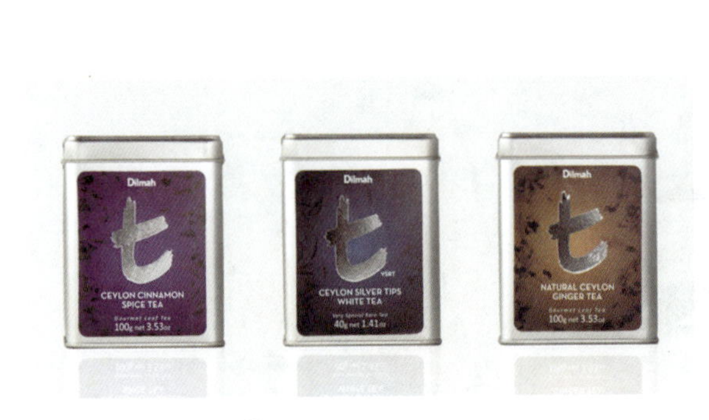

图3 － 57 金属包装

图3 － 58 金属包装

3.1.5 盒型绘制

设计包装是为了保护和包装产品，包装盒的大小都要按照合适的尺寸来制作，所以测量产品的长、宽、高是非常重要的，在包裹产品的过程中太紧和太松都不利于使用和运输，适当地留有余地是很有必要的。包装标准绘图尺寸代号：盒长用L表示，盒宽用W表示，盒高用H表示，纸的厚度用B表示，如图3–59所示。

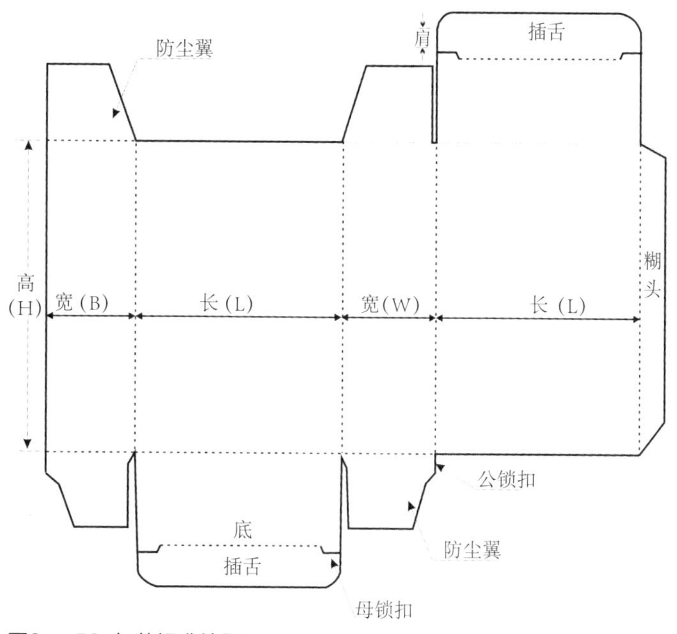

图3－59 包装标准绘图

1. 纸盒设计的尺寸概念

学习纸盒设计不仅要学会制作的技巧和经验，还要把设计的结构和意图准确地用图纸表达出来，因此必须学习按比例绘制纸盒结构的展开图，并正确标注尺寸。为生产工艺提供的图纸，除了标有精确尺寸之外，还要明确标注带有压痕和细微层次的折叠误差的标注，压痕的宽度、提手的大小等细部尺寸，以保证生产的包装盒准确无误。

2. 制图线型、比例

在绘制包装图时，为了表示出折线、切线和外轮廓线等，应采用不同粗细的线。这里绘制的线有粗线、中粗线、细线3种，线宽之比为0.5：0.3：0.1。基本是按绘图标准来绘制。

展开图一般都采取缩小比例来绘制，除非这个包装盒很小。图纸中图形和实物相对应的尺寸之比，被称为比例。包装盒的图纸一般采用的比例值都比较好计算，如实际尺寸为10cm，可以画5cm长或2cm等，每一项尺寸都除以2或5，比例应写成1：2或1：5。

3. 尺寸标注

在包装盒展开图中，除了按比例画出盒子的展开图外，还必须标注完整的实际尺寸，以作为制作盒子时的标准。图纸上标注的尺寸，由尺寸线、尺寸界线、尺寸起止符号、尺寸数字等组成。同制图标准一致，先标注总体尺寸的高和宽，其次是盒体的高、宽、深，由大到小顺序标注。尺寸线有水平、垂直、倾斜3种，水平的尺寸数字注写在尺寸线上方的中部，垂直的尺寸数字统一注写在尺寸线左侧的中部，不要倒写，否则会产生错认，如86会误读为98。统一制图标准以便清晰地识读尺寸。

4. 图纸标题栏

简要列出图纸中有关的纸盒名称、比例、材料等，通常有包装盒名称、制图比例、盒型外观尺寸和材料要求等各项，集中在图纸的右下角称为图标。图纸标题栏可以根据制作工艺自行确定。本书包装制图符号表示本书的图纸是按1：1比例绘出的展开图，然后比例不变进行缩小或放大到需要尺寸，即可折叠出盒子。放大后可能产生少量误差，试做时要根据纸的厚度进行调整。

如图3-60所示是包装盒型绘图常用线型。

线型	线宽、线型	线的用途
——————	粗实线 0.5mm 单实线	纸盒展开图的外轮廓裁切线
——————	0.7mm 或双实线	即剪切口线，一般切刀和切槽线，能够插入一或两张纸的厚度
------------------	0.3mm 虚线	折叠压痕线
—·—·—·—·—·—	0.5mm 点划线表示齿刀	间断切线，切痕线
=·=·=·=·=·=	0.5mm 点划线双虚线	剪切口线，一般切刀和切槽线
—·—·—·—·—·—	0.3mm 点虚线	打孔线，缝纫线

图3－60 包装盒型绘图常用线型

开始学习纸盒设计时最好从临摹入手，通过临摹，理解纸盒折叠与组合过程中的结构和功能，从中体会盒体造型、盒体提手的强度等问题。总之，临摹盒型可以提高以下设计能力。

（1）从中吸取造型和结构设计的优点，熟悉各种类型的纸盒结构。

（2）学习结构的细部处理，如锁底结构、提手和卡口等的连接关系，做到设计严谨，牢固可靠，结构合理。

（3）掌握折纸的技巧，注意纸的厚度、转折余量和折叠误差，要求制作精细。

3.1.6 包装结构设计

进行结构设计之前需要明确包装结构设计管理表的问题，这些问题的答案可以从市场调研和厂商要求中得到，见表3-1。

表 3-1 包装结构设计管理表

序号	包装结构设计问题	调研结果	结构设计要求
1	商品本身性质属于食品、衣物、工艺品、器皿或玻璃器皿等何种类型?		
2	商品本身是固体、液体、粉末、粒状还是膏状?		
3	商品本身需要什么保护?保护的重点在哪儿?对外部是否具有耐压力?运输、保管期能有多长?		
4	商品的重量有多少?体积有多大?整个包装盒有多重?		
5	商品价格是昂贵还是便宜?设计预算有多少?用在包装上的费用有多少?		
6	包装用后如何处理?是否污染环境?有无害化的要求吗?		
7	有无特殊的保护要求成其他特别要求?		

设计包装结构的步骤如下。

（1）构思的问题成熟以后，写出包装的目的和功能，以及要解决的问题。

（2）勾勒草图。

（3）用纸做立体小稿，可以做几个设计方案。

（4）选择一个比较满意的草稿，用普通纸先试做一遍，测出包装盒的尺寸，还要考虑包裹时的宽松度、细部结构以及封底和封口的问题，折叠完盒子的每一个部分。折叠草稿时可以补补贴贴，直到合适为止。

（5）注意每一件包装盒不是一次做成，采用适合的纸制作手稿，如果更换材料，往往要反复多次，许多问题只有在不断改进中才能得到解决，所以不要更换材料，折叠正稿以前要解决所有的问题，直至挑不出毛病为止。

（6）在正稿的纸盒结构的基础上，画出精确展开图。

（7）选用合适的纸制作正稿。这时没有什么需要改动的，只要求制作精细。

3.1.7 分析总结试折的小样

试制纸盒之后，要反复推敲和改进，使其发挥最佳功能效用。纸盒是一种实用的艺术品，具有精神产品和物质产品的两重性，即设计时要考虑人们使用的问题，应围绕表3-2的问题进行分析和检验，通过分析、总结、检验盒子的问题，提出最佳的解决方案。

表 3-2 包装小样设计分析表

序号	分析设计小样	检测结果	解决方案
1	是否任何人都会操作和使用它?		
2	开启是否方便?		
3	结构是否还可以简化?纸张能否更节约?		
4	为什么要这样设计?与其他方法比较有哪些优越性?		
5	物体包在盒子里是松紧是否合适?		
6	这个盒子有哪些缺点?能否改进?		

3.2 设计实战

由瑞典学生Niklas Hessman所设计的燕麦片包装，设计者想要表达一种营养均衡的概念，色彩上采用了鲜明的黑、白两色的对比，包装结构改变了传统的在两侧的撕开端，采取从中间撕开的开启方式，更加快捷和有趣，如图3-61和图3-62所示。

图3 - 61 燕麦片包装设计

图3 - 62 燕麦片包装设计

魁北克大学蒙特利尔分校（UQAM）的学生所设计的耳机包装是一个典型的环保包装，造型非常简单，却足够生态和环保，耳机线缠在一块纸板上，不会用到任何塑料或胶水，如图3-63所示。

与大多数面条的塑料袋包装相比，英国的Neal Fletcher同学对意大利面包装设计的确很独特。他首先想要解决的问题是，每次在烹调意大利面时总是控制不好量，会做得太多或者太少，所以他希望包装成为一种辅助控制面条量的工具。他用六角棱柱把盒子分为六个部分，只需要按份取出面条就不会有量多量少的问题了，而且这样的包装还有利于重复充装和重复使用，如图3-64所示。

图3－63 耳机包装

图3－64 意大利面包装

3.3 经典案例

3.3.1 材料与设计的完美结合

英国的The body shop（美体小铺）可以算是最著名的身体护理品牌之一，它的产品包装设计也非常有特色，用纱布包裹的瓶子不仅让整个包装看起来与众不同，如图3-65所示。同时在使用过程中，纱布可以用来擦拭药膏，如图3-66所示。

3.3.2 彪马首创环保型生态鞋盒

作为运动鞋品牌的领导者PUMA（彪马），设计师期待创建新的包装系统，以使新的鞋盒更加环保，更节约材料与成本。设计师对其进行了研究，最后发明了一个聪明的解决方案。将可降解无纺布与只需要模切的纸板巧妙地结合，设计了最终方案，如图3-67、图3-68和图3-69所示。

图3 - 65 The body shop

图3 - 66 The body shop

图3 - 67 彪马生态鞋盒

图3 - 68 彪马生态鞋盒

设计师称：“反思鞋盒是一个非常复杂的问题，纸板和印刷废料的成本是巨大的，浪费且不环保，所以包装成了一个巨大的问题。该解决方案既保护了鞋，还促进了销售，同时节约了材料和成本”。

图3 - 69 彪马生态鞋盒

3.3.3 结构上的小惊喜

圣诞节的本质就是与家人一起欢快的度过。为了促进这种欢乐温情的气氛，Maja Matas专门设计了这款“圣诞茶包”。设计中不仅增加了节日味十足的绿色圣诞树设计，还玩了一个小概念，如图3–70、图3–71和图3–72所示。

圣诞树的中间有条拆封线，这就是特别之处，每棵小树下面都会有两袋茶包，供两个人饮用，如图3–73所示。寒冷的冬日，暖暖的茶饮，两颗靠近的心，如此温情让人觉得每天都是圣诞呢，如图3–74和图3–75 所示。

图3 – 70 圣诞茶包

图3 – 71 圣诞茶包

图3 – 72 圣诞茶包

图3 – 73 圣诞茶包

图3 – 74 圣诞茶包

图3 – 75 圣诞茶包

3.4 课后练习

【作业一】

作业题目：纸盒结构的临摹练习

作业形式：要设计新的纸盒与结构，可以从临摹开始，尽可能全面了解包装结构。从多方面入手来熟悉包装，临摹原有的包装结构，制作一些常见的包装盒型，如管式盒、盘式盒等。

相关规范：在常见盒型中，进行规范纸盒的临摹练习。

【作业二】

作业题目：在威客网上，找到自己感兴趣的案例，为其设计盒型。

作业形式：包装结构设计管理表、包装小样设计分析表、设计盒型。

相关规范：进行市场调查，对此包装的改良提出新的设计定位，设计合适该产品的盒型。

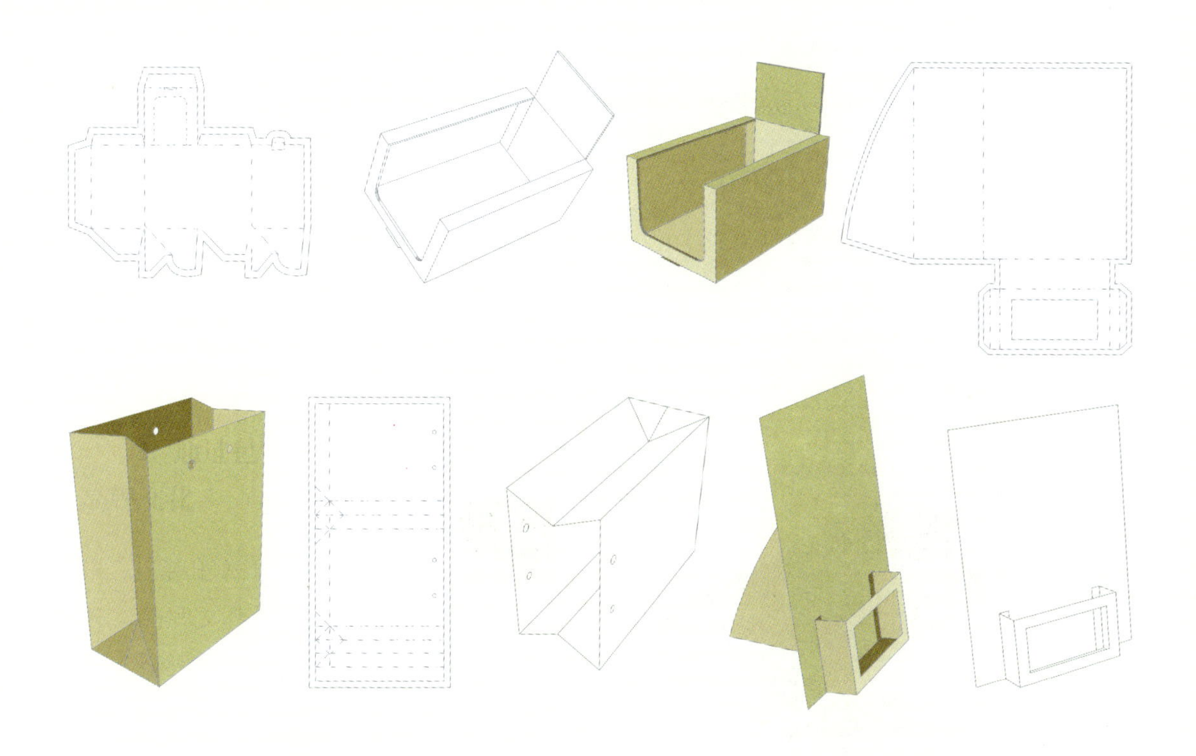

第四章：

文字在包装设计中的应用

训练目标：

通过设计分析和设计实例仿作，使学生掌握主体文字在包装设计中的应用，让学生准确地把握广告文件、说明文字等的使用规范，了解在包装设计中文字元素的应用方法和常见形式。

课时时间：

4 课时

参考书目：

《字体与版式设计实训》（沈卓娅）

《包装教学与设计》（卜一平）

4.1 基础知识

有时包装设计可以没有图形，但是不可以没有文字，文字是传达商品信息的必不可少的要素，好的包装设计都十分注意文字设计，甚至可以以文字变化来处理装潢画面。许多国际包装设计大师对文字都有精深的研究，通晓文字的应用，使创意极具个性特征、浓郁的文化艺术气息及显著的商业功效。在研究包装设计的规律中，必须围绕装潢艺术语言特色的要求去研究形式美的规律，即在设计形式上，一切都是为了在瞬间或较短时间内达到简明、快捷地向顾客传达商品信息的目的，如图4-1、图4-2、图4-3和图4-4所示。

图4 - 1 以文字为主的包装设计
（Brie Bistro乳制品）

图4 - 2 以文字为主的包装设计
（Hairy Bikers World咸味零食）

图4 - 3 以文字为主的包装设计

图4 - 4 以文字为主的包装设计

作为一件完整的包装设计中必不可少的部分，文字承担着传递商品信息与塑造品牌形象的重要角色。商品的许多信息内容，唯有通过文字才能准确传达，例如，商品名称、容量、批号、使用方法、生产日期等。在包装设计多元化发展的今天，人们对商品的审美要求在不断提高，更加要研究如何让包装上的文字更加生动，能高效地传递商品信息，吸引大众的眼球。

包装上的文字设计分为主体文字、广告文字、资料、说明文字和规定性文字等，各自有着不同的使用规范和要求，如图4–5所示。

图4 – 5 文字使用包装设计范例

1. 主体文字

主体文字一般是指品牌名称和商品名称，字数较少，在视觉传达处于重要位置。主体文字要围绕商品的属性和商品的整体形象来进行选择或设计，如图4–6和图4–7所示。

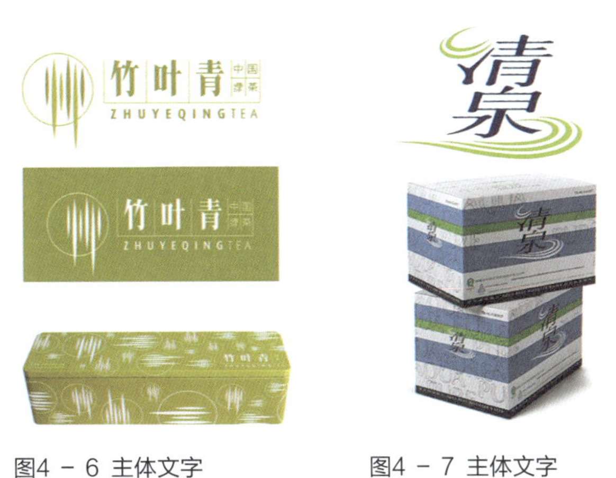

图4 – 6 主体文字　　图4 – 7 主体文字

2. 资料文字和说明文字

资料文字包括产品成分、容量、型号、规格等。编排部位多在包装的侧面、背面、也可以安排在正面。资料文字的内容和字数较多，一般采用规范的印刷字体，所用字体的种类不宜过多，重点是字的大小、位置、方向、疏密上的设计处理，协调与主体图形、主体文字和其他形象要素之间的主次与秩序，达到整体统一的效果，如图4-8所示。说明文字用来说明产品用途、用法、保养、注意事项等。文字内容要简明扼要，字体应采用印刷体。通常安排在包装的背面和侧面，而且还要强化与主体文字的大小对比，多采用密集型的组合编排形式，减少视觉干扰，以避免喧宾夺主、杂乱无章，如图4-9所示。

图4- 8 资料文字

图4- 9 说明文字

3. 规定性文字

在美国，针对包装上必须包含的所有规定性文稿的尺寸和位置安排，均有指导方针。食品、化妆品、药品和用于人体吸收或局部使用的产品，其营养信息、成分、重量、尺寸和产品个数都是美国食品包装上明令规定和监管的项目，字体规格要到监管部门记录在案，而且将包装设计投入生产之前，应由一家法律权威机构对上述信息的设计进行审批。

4. 广告文字

广告文字是宣传内容物特点的推销性文字，文字内容应做到诚实、简洁、生动，切忌欺骗与啰嗦，其编排部位多变，但广告文字并非是必要文字，如图4-10所示。

品牌形象文字的设计是代表产品形象的，它是包装设计中主要的视觉表现要素之一，因此可在其结构上进行加工、变化、修饰，以加强文字的内在含义和表现力。

就传统方法而言，对字体种类的了解有助于设计师发现不同文字式样类群间的异同点，掌握了这些字体种类，设计师就能为正文、标题和其他文本选择恰当的字体。如今数码字体种类繁多，设计师们不再需要根据传统的分类方法寻找文字式样了，以新兴科技为基础的字体管理和建构软件，如NexusFont和FontExpert等，可以在数千种可选的字体式样中进行选择，如图4-11所示。

图4- 10 广告文字

图4- 11 英文字体在包装中的应用

人类在历史发展中创造了许多种字体。这些字体本身具有一定的文化寓意，代表看不同时期的历史文化与设计流派。如中国的老宋体，古朴典雅，寓意着中国文化的博大深沉；而欧美的无线体，则是现代主义设计思潮的代表，具有简洁、前卫的风格。在形象上，各种字体给人以不同的视觉感受，或刚健，或柔美，或古典，或新潮。

中国汉字被公认是表形、表意文字的典范，它经历了漫长的演变过程，具有鲜明的民族性和时代特征，已经形成了书法、美术、印刷三大体系，并且，这些丰富的文字资源还可以继续创新设计，促进经济发展，具有深远的意义。书法应用在包装设计中，会使整个包装格调古朴典雅、含蓄深邃，既具现代感又有浓厚的传统文化内涵。从某种意义上讲，书法已成为具有中国特色的产品在包装上的一种独特标志，如图4-12和图4-13所示。

图4- 12 书法在包装中的应用

图4- 13 中国书法在日本包装中的应用

4.2 设计实战

4.2.1 烤香鱼包装设计

袋装烤鱼是一种鱼类调味加工的方便食品，深受消费者喜爱。市场上同类产品较多，如来伊份、外婆家等都有类似的休闲食品。在设计时，重点考虑的是与同类型产品包装的统一与区别。

由于该商品是使用鱼类原料，运用食品加工工艺，经特殊的调味处理而制成的具有独特风味，有一定耐藏性，并且可以直接食用的食品。该食品的耐藏性是通过控制成品的水分活性来达到抑制微生物的生长繁殖而实现的，因此，袋装烤鱼食品也就是通常所说的"中等湿度食品"或"半干制食品"，在包装材料上应选用复合材料。塑料薄膜是用各种塑料加工制作的包装材料，具有强度高、防潮性好、防腐性强等特点，常用做食品包装内层材料。外层包装的印刷材料可分为亚光膜、复铝膜、珠光膜等，不同的印刷材料能体现不同的视觉效果和档次。

1. 产品定位

该产品为千岛湖烤鱼，选用千岛湖山区小溪流域里自然生长、循环繁殖的野生鱼类为原料，佐以科学配方，采用木炭人工烘烤成鱼干，口味原始，是一种绿色休闲食品。其设计风格应该是现代简约，能够让人有放心食用、渴望品尝的欲望，可以用千岛湖的地理环境和烤鱼产品的图片，视觉语言直接明确，能够体现商品的产地和性质。

2. 设计手法

通过调研发现同类产品较多，多为展示鱼类图形或者图片，因此本次设计的重点在主体文字设计，最后确定的方案是将"烤香鱼"三个字设计成穿在签子上的三条鱼形，如图4–14所示。

整体包装以中国传统图案的水纹为底纹，配合透明的鱼形开窗设计，方便消费者看见内包装实物，体现商品的货真价值。

3. 印刷思路

本包装采用圆筒圆压式凹版印刷机印刷。通常的休闲食品包装都设有透明视窗，所以包

图4–14 "烤香鱼"文字设计

装正面可采用亮泽好、透明度高的薄膜材料，称为“珠光膜”，在凹版印刷时呈白色。

包装的背面可采用“复铝膜”材料，这种材料自带有一层白色反光度极强的铝膜，印刷时需在铝膜的另一侧印刷画面颜色，然后再过膜。

本产品的包装属于正、反面形式，通常称为“双边袋”包装，印刷颜色分为四种，黑、青、红、黄，因此在制作菲林时，读者可以按照常规的四色制版方式来制作。

4. 成品流程

该包装的制作流程大致为：设计构思→印前准备→设计初稿→定稿→印前电脑制作菲林→制造印刷版→成批印刷→装箱成品。

本例是威客网上客户已经采用的真实的案例，如图4－ 15和图4–16所示，分别为烤香鱼包装的展开平面图和成品立体效果图。

图4－ 15 成品立体效果图

图4－ 16 成品立体效果图

4.2.2 云南黑茶包装设计

黑茶起源于四川省，其年代可追溯到唐宋时茶马交易中早期。茶马交易的茶是从绿茶开始的。当时茶马交易的集散地为四川雅安和陕西汉中，由雅安出发抵达西藏至少有两三个月的路程，由于当时没有遮阳避雨的工具，雨天茶叶常被淋湿，天晴时茶又被晒干，这种干、湿互变过程使茶叶在微生物的作用下发酵，产生了品质完全不同于起运时的茶品，因此说“黑茶是马背上形成的”。久而久之，人们就在初制或精制过程中增加一道渥堆工序，就产生了黑茶。黑茶在中国的云南、湖南、广西、四川、湖北等地有加工生产，能够长期保存，而且越陈越香。

“黑茶”二字，最早见于御史陈讲奏疏：“以商茶低伪，征悉黑茶。地产有限，仍第为上中二品，印烙篾上，书商名而考之。每十斤蒸晒一篾，运至茶司，官商对分，官茶易马，商茶给卖”（《甘肃通志》）。此茶系蒸后踩包之茶，具有发酵特征，实为黑茶无疑。

黑茶按照产区的不同和工艺上的差别，可以分为湖南黑茶、湖北老青茶、四川边茶和滇桂黑茶。对于喝惯了清淡绿茶的人来说，初尝黑茶往往难以入口，但是只要坚持长时间的饮用，人们就会喜欢上它独特的浓醇风味。黑茶流行于云南、四川、广西等地，同时也受到藏族、蒙古族和维吾尔族的喜爱，现在黑茶已经成为他们日常生活中的必需品。 黑茶主要品种有湖南安化黑茶、湖北佬扁茶、四川藏茶、广西六堡散茶等。

1. 产品定位

如何通过包装设计打造“中国黑茶”的先行者？如何让消费者一眼就辨认这是中国黑茶？又如何表达“中国”概念？在网上搜了很多关于黑茶的介绍，决定在设计中以文字设计作为包装设计的主要图形元素，通过适当变形，体现其茶叶包装特性。

2. 设计手法

茶叶包装的文字是设计的重要部分，一个包装可以没有任何装饰，但是不能没有文字，茶叶包装的文字要简洁、明了，充分体现商品属性，要用易懂、易读、易辨认的文字，要考虑到消费者的辨识力，使人一目了然，如图4-17所示。

本产品的设计定位为礼品包装，富有少数民族的特色，把少数民族四方连续的图案与文字结合，对字体进行变形设计，以“云南黑茶”四个字作字体变形，仿照传统木质家具的装饰纹样；图形，选用民间剪纸风格来表现，富有民族特色；运用的颜色也是借鉴少数民族特有的颜色，以土黄色为主色调。成品立体效果图，如图4-18所示。

图4- 17 黑茶包装平面

图4- 18 黑茶效果图

3. 印刷思路

本包装采用平版四册对开机印刷，手工裱糊5mm纸箱板，工艺为手工制作。
包装的纸张采用180克铜版纸，表面过哑胶，由于是裱糊盒，要手工制作。
在制作菲林时按常规的四色制版方式，同时出一套扣刀版。

4. 成品流程

包装的制作流程大致为：设计构思→印前准备→设计初稿→定稿→印前电脑制作菲林→制造印刷版→成批印刷→外加工（裱糊）→装箱成品。

4.3 经典案例

4.3.1 Jason Little 甜点包装设计

澳大利亚Jason Little甜点公司的包装设计采用了现代主义风格，简洁的设计让该包装具有独创性和特色，同时也体现了其家族特点。

该包装全部采用没有图片的深蓝色背景，通过不同的字体区分产品，具有强烈的反包装风格，采用的字体也极为简单，顾客从字体上可以区别包装内产品的差别，如图4-19和图4-20所示。

图4- 19 Jason Little 甜点包装设计　图4- 20 Jason Little 甜点包装设计

4.3.2 Lintar橄榄油包装设计

Lintar橄榄油品牌是克罗地亚Cemex公司推出的包装设计。Lintar名字来源于希腊词“漏斗”和石油起源地Kastela海湾的名称。品牌和包装设计的灵感来自漏斗的形状和浇注时液体流动的形态，所有瓶子都是漏斗形状，以避免浪费。品牌名称使用“马利纳”字体，漏斗形状瓶身配合向下流淌的石油线路图形绘制出了品牌名。该产品的视觉形象结合了传统和现代风格，创意独特，如图4-21所示。

该产品的视觉识别的关键是传统与现代的完美结合，特定的包装颜色显示了液体的状态特征。在设计上，利用简洁的线条巧妙地组成了一串字母，线条延伸到瓶底，如同输油管线一般，如图4-22和图4-23所示。

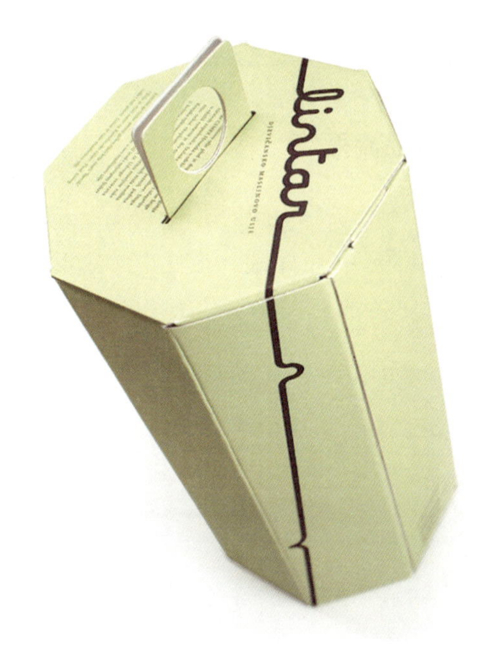

图4- 21 Lintar橄榄油

图4- 22 Lintar橄榄油

图4- 23 Lintar橄榄油

4.4 课后练习

【作业一】

作业题目：熟悉电脑中的字体及字体目录，了解字体网站。

作业形式：熟悉各种字体，了解字体名称，并选择20种字体来表现“我爱中国”四个字。

相关规范：当有经验的设计师拉开字体菜单时，他很少需要把某种字体显示出来，以便了解字体的模样，因为设计师早就熟悉各种字体的样子。在为包装设计选择字体时，这些常识会起很大作用。

【作业二】

作业题目：字体观察。

作业形式：收集各种包装并进行分类，如医药包装、食品包装、化妆品包装等，留意观察各种类型的包装设计在字体设计上有没有体现其种类特点。

相关规范：对于包装设计师来说，观察是一种值得培养的习惯，设计界永远在变化，而善于观察可以让你走在潮流的前面。

【作业三】

作业题目：了解字间距。

作业形式：为“嫩白毛孔净化面膜（100g）”设计贴纸。

尺寸：顶盖贴纸直径74mm、底盖贴纸直径64mm、瓶子直径80mm。

文字内容：

主要成分：大青叶、野菊花、马齿苋、黄连、羊毛脂、蜂胶、维A、维E，尿囊素、杏仁油等。

主要功效：深层清洁毛孔的油脂及角质层杀菌、消炎、收敛、润泽，使粗大的毛孔收缩，让肌肤变得有弹性、水嫩滋润及透明感。

适合肤质：适合各种肤质，特别推荐油性、混合性肌肤、毛孔粗大、易生粉刺者加强使用。

使用方法：夜晚保养程序的最后一道步骤，以指腹取适量面膜，轻轻打圈的方式涂于面部，之后让肌肤吸收15~20分钟后，用手指腹搓去以带走毛孔深处的污垢，然后用清水洗去即可。

生产许可证：XK16-108 0096

执行标准：QB/T 1857

卫生许可证：（1990）卫妆准字02-XK-0009

（香港）国际医学美容学会监制

生产单位：天津市汇丽精细化学公司

地址：天津市津塘公路务本道168号

相关规范：对字词之间的距离进行调整，达到整体上的适当均衡。除了追求字词之间的协调一致的间距外，还可以尝试紧排、正常或松散的间距处理。

【作业四】

作业题目：字体与图标形象结合。

作业形式：假想一个品牌名称，为其字体进行形象设计。

相关规范：先为公司名称选择一种字体，在字体选择和字体与图标的排列上多做尝试。同时思考，这种字体的曲线和垂直特征是否与图标的曲直特征相吻合？它们是不是应该或者不会形成对比？对比是不是更符合设计主题？字体与图标之间有没有清晰的视觉层次？

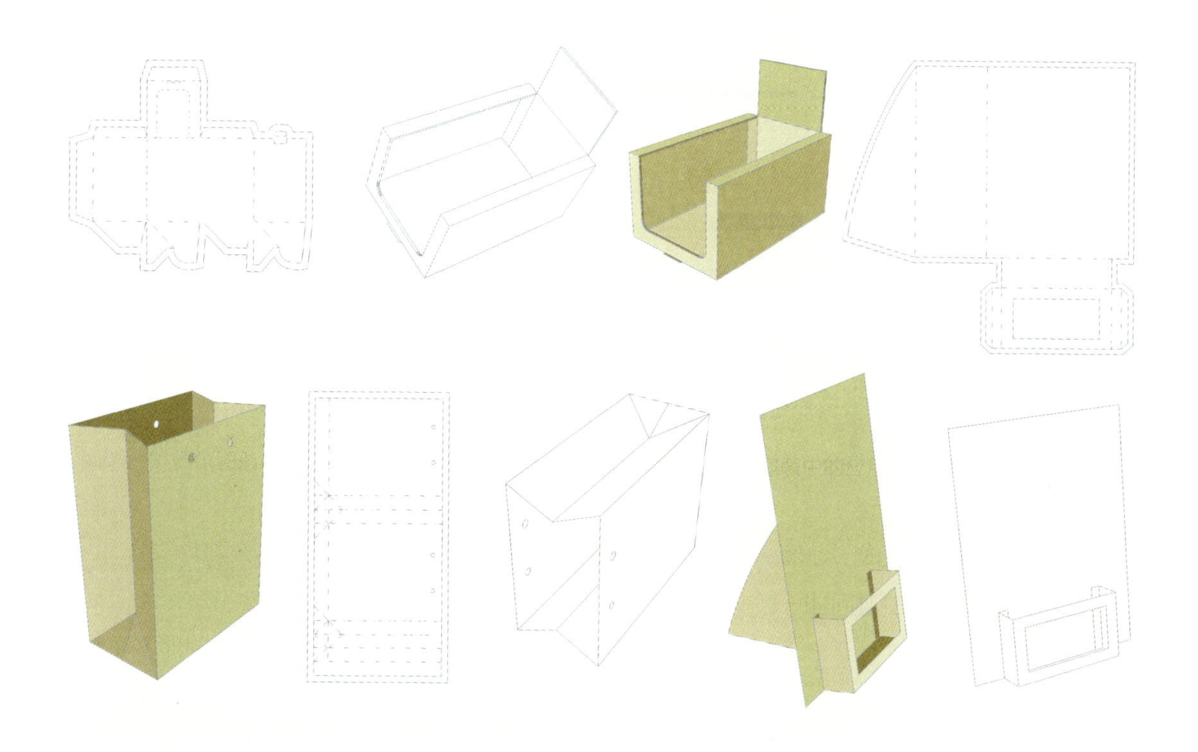

第五章：

品牌标志在包装设计中的应用

训练目标：

通过学习，使学生掌握包装设计与品牌标志的关系，学会在包装中应用标志，能较好地表现不同商品的品牌特征。

课时时间：

4 课时

参考书目：

《包装设计》（陈光义）

《设计改变生活－包装设计》（连维建）

5.1 基础知识

西方营销学对于品牌的定义是：品牌是一个名称、术语、符号、标记、图案或其组合，用以识别一个或一群卖者的产品或劳务。大卫·奥格威认为：品牌是一种错综复杂的象征，它是品牌属性、名称、包装、价格、历史、声誉、广告风格的无形组合。品牌本身所代表的意义就是一种标志的手段。在当前普遍存在的信任品牌、崇尚名牌、追求特色的消费心理下，用品牌定位进行包装设计构思，具有十分重要的意义。众多世界名牌产品靠它们鲜明、强烈的品牌形象打开了国际市场的大门。

爱马仕标志是大家最熟悉不过的马车和人的图案，因为爱马仕最开始是做马具产品的，而随着品牌的发展，这个标志也成了爱马仕最经典的图案，如图5-1和图5-2所示。即使是香水广告，也依然可以看到马的身影，如图5-3所示。而其标志在包装中的应用，更是无处不在，如图5-4所示。

图5 - 1 爱马仕标志

图5 - 2 爱马仕广告

图5 - 3 爱马仕香水

图5 - 4 爱马仕包装

企业必须有一个整体的企业形象系统作为企业整体的视觉性体系，才能做到与同类企业有明确的区别。以品牌进行定位构思，在包装设计上可以鲜明地突出商标品牌，将色彩、图形、文字结合成统一的形象。设计一种符号作为代表该品牌的标志物，可以加强品牌识别性。例如，meringue糕点品牌的花瓣标志，及其产品中大量使用的花瓣格纹，成为象征品牌形象的符号，如图5-5所示。ORACLE饮料在包装设计中突出了简洁明快的标志设计，突出了品牌的整体感，如图5-6所示。

图5 - 5 meringue糕点

图5 - 6 ORACLE饮料

商标是商品自身的标志，是商品的“身份证”。商标品名是商品质量的保证，无论是新产品或是人们已熟知的商品，商标品名的定位都是很重要的。

图5 - 7 佳得乐标志

品牌名称是指品牌中可以用语言称呼的部分，如可口可乐、雪佛兰、松下、日立、永久等。品牌标志指品牌中可以被认知与识别，但不能直接用语言表达的部分，往往是某种符号、图案或专门设计的颜色、字体等。佳得乐品牌以40多年的科学研究为基础，与其他运动饮料相比，其“解体渴”功能和改善饮用者运动表现的好处是经得起科学检验的。佳得乐饮料的标志沿用了闪电的形状，突出其运动饮料的特征，如图5-7和图5-8所示。

图5 - 8 佳得乐包装及广告

选定一种或几种组合使用的颜色来表现公司形象，使消费者易认易记，例如，百事可乐公司选定了蓝、红二色组合，以雄健的“PEPSI”字体为视觉中心，以抽象的几何形为载体，映衬出品牌文字，并形成一个整体，如图5–9所示；日本富士胶卷公司选定了中绿、白二色组合，柯达胶卷公司选定了中黄、黑、朱红三色组合，都能给消费者以较强的视觉冲击力，如图5–10所示。

图5 – 9 百事可乐包装

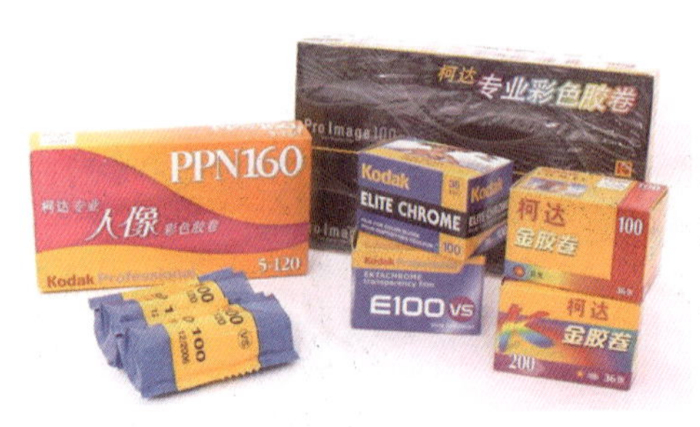

图5 – 10 柯达胶卷包装

当图形与色彩结合在一起时，更能发挥其视觉识别的作用。系列化商品包装上共同的标志图形是整个商品家族的象征，同时也是突出商标、牌号、厂家的有效手段。在商标定位中，图形包括商标形象、辅助标志、系列标志、独特的包装容器等。台湾旺旺食品公司的系列产品采用了可爱的“旺旺娃娃”图形作为包装的辅助标志，更加突出了商标牌名，如图5–11和图5–12所示。

图5 – 11 旺旺娃娃

图5 – 12 旺旺包装

以文字为主的商标在包装中十分常见，但字体要经过设计。这种经过设计的字体是区别于其他牌号的又一手法，如佳能公司、美的公司的文字商标就注意突出个性。

在品牌标志设计中要考虑以下三个方面

图5 － 13 稻香村标志

1. 通过包装彰显品牌故事，体现品牌文化

包装的发展首先需要进行文化注入，品牌文化是对品牌的经营核心思想、行为规范、视觉识别的统一，具有丰富的现实性和深刻的内涵。北京的老字号品牌“稻香村”的“吉祥如意”系列礼盒，将品牌标志与吉祥图案结合作为中心元素，红金色调，采用牡丹金鱼等吉祥民俗图案，具有强烈的中式风格与传统喜庆相结合的感觉。这种包装形式展现的不仅仅是商品，更重要的是传递的文化，如图5–13和图5–14所示。

图5 － 14 稻香村礼盒

前几年日本的小朋友、年轻的上班族争相购买一种巧克力，这种巧克力本身没多大不一样，而是其中包含一只小熊公仔，共有365 款，穿着不同服饰的小熊代表一年中每天出生的人。这些巧克力小熊成为购买焦点，人们都想买到亲友生日的小熊来送给对方。这种巧合性、偶然性激起了人们购买的冲动，而这种商品的包装设计也带动了整个行业的趣味性，如图5–15和图5–16所示。

图5 － 15 365生日熊

图5 － 16 365生日熊

LOTTE公司出品的口香糖已有10年历史,企鹅一直是该品牌的代言人。有时购买者会在有意无意中发现每款设计中企鹅的不同变化，而后就会在购买中不断观察小企鹅又有什么变化啦？跟亲友聊天时，知不知道小企鹅多了一只baby？包装设计在消费者的关注下不断推陈出新，犹如一个小生命在不断培养，小故事的延展在设计师与消费者之间慢慢渗透、慢慢交流，如图5–17所示。GAUSS灯泡包装系列，使用了非常干净简洁的图案设计，正面用单色线条勾勒了节能灯的造型，侧面用点元素描绘出灯泡的形状，将不同产品的包装一贯性表现得非常充分，如图5–18所示。

图5 – 17 LOTTE口香糖包装设计

图5 – 18 GAUSS灯泡包装系列

2. 整合品牌形象、强化品牌意识

想要品牌有长远的发展，建构具有文化特色与销售潜力的品牌组合，需要以企业主品牌为主导，开发子品牌、系列产品，针对不同的市场需求实现多元化的发展。在包装设计上采用品牌元素，形成统一的视觉形象，无论产品怎样变化，其品牌形象、产品视觉形象、品牌宣传等始终保持统一。对消费者来说，强化传达效果、巩固品牌形象，易于识别、记忆；对于企业来说，优化了产品的多样性、组合性、统一性，有助于企业品牌的树立与推广。

京都念慈菴的品牌标志名叫“孝亲图”，描绘了品牌创始人侍奉患病母亲的感人情景。“念慈菴”这个名称正是来自于这段孝子故事，在世界各地都享有卓越声誉，“京都念慈菴”品牌就已经成为优质中药的代名词，如图5–19和图5–20所示。

图5 – 19 京都念慈庵标志

图5 – 20 京都念慈庵包装

3. 利用包装上的特质元素，彰显品牌个性

包装作为品牌文化的外在表现形式，总是抢在产品之前引起人们的注意，是影响人们选购的关键性决策因素。摄影、绘画、字体、色彩、包装形式等各种视觉传达手段的运用，以及独具匠心的编排形式，都是强化品牌个性的有利武器。METRIO咖啡的主题构思来源于古希腊的古典图案，猫头鹰、橄榄枝，将传统主题的意境与着色相结合，彰显出品牌的经典魅力，如图5-21所示。Reynolds和他的伙伴Reyner在2011年时接到重新设计国际知名油漆品牌形象的项目，他们将整体明亮的颜色和令人难忘的图形结合，完成了这一次的品牌包装项目，找到一套并没有任何竞争对手试用的企划方案，显示了该品牌友好、优质和创新的特点，如图5-22所示。

图5 － 21 METRIO咖啡包装

图5 － 22 WTP油漆包装

5.2 设计实战

5.2.1 四叶草化妆品设计案例

1．产品定位

四叶草化妆品是适合18岁至45岁的女性消费者的产品，其风格简洁、清新。

2．设计手法

根据商品的产品特性进行定位，运用四叶草作为主要设计元素，以四叶草图形为包装主体，能使商品更加形象化、生动有趣、质朴自然，看后有一种赏心悦目之感。四叶草的花语是“幸福”，相传，能够找到四叶草的人就一定能找到幸福，四叶草的每片叶子都代表不同的意义，第一片是健康，第二片是真爱，第三片是幸运，第四片是幸福。然而，这种拥有四片叶子的四叶草是很难找到的，所以，找到四叶草就找到了幸福。

3. 印刷思路

玻璃瓶印刷采用孔版印刷（又名丝印），由于印刷速度较慢，而且色彩印刷表现困难，所以包装的颜色不能太多、太复杂。由于玻璃瓶身在制瓶时已经有颜色，只需将要印的颜色制成网版，利用刮压方式迫使印墨透过网屏上的空洞，转印到被印物上，印完一色烘干后再印第二色，直至印刷完成。

设计师在电脑制作菲林版时，只要把各个颜色拆分，均用黑色代替即可。

包装盒的印刷方面可采用牛皮纸印刷，纸张不宜过薄，面料可选用白板纸。

4. 成品流程

四叶草化妆品包装的制作流程分为：设计构思→印前准备→设计初稿→定稿→拆色制作→输出制作菲林片→起模制作玻璃瓶→移印玻璃瓶→装箱成品，如图5－23~图5－27所示。

图5 － 23 四叶草面膜

图5 － 24 四叶草手拎带

图5 － 25 四叶草手拎带

图5 － 26 四叶草手包装

图5 － 27 四叶草效果图

5.2.2 马六甲白咖啡包装设计

马六甲三合一速溶白咖啡选用上乘的哥伦比亚咖啡豆烘烤，配以糖及无脂奶粉泡酿而成。名为“白”咖啡，其实只是比普通的咖啡颜色浅一点。虽然是速溶咖啡，但一点也不失咖啡的香醇，融水之后便可闻到醉人的香味，入口的感觉更是让人不舍得咽下去，奶香与微苦恰到好处。

白咖啡与普通咖啡的区别在于从挑选原料到咖啡豆的培炒以及咖啡冲调方法的不同：白咖啡通常采用较名贵上乘的精选咖啡豆，味道比较纯正，且以低温烘培，保留了咖啡原有的香味，去除了高温碳烤所产生的焦苦与酸涩味，甘醇芳香不伤肠胃，低咖啡因，既符合了现代人健康瘦身的要求，又避免了饮一般咖啡所带来的燥热烦恼，为生活中的平凡更添一丝精彩。

现需要对原有包装进行再设计，突出其地域特征，制作其效果图与菲林片。原包装如图5–28和图5–29所示。

图5 – 28 原礼盒包装图

图5 – 29 原包装图

1. 产品定位

马六甲白咖啡复古经典，包装需要体现当地文化，风格简洁、大方，视觉语言直接明确，能够体现商品的产地和历史。

2. 设计手法

根据商品的特点进行定位，以马六甲白咖啡字体为设计主体，以马六甲海峡的地图为底纹，体现马六甲咖啡的来源及产品文化；整体版面简洁大气，视觉感受强烈直接。

3. 印刷思路

印刷方面可采用牛皮纸印刷，由于文字多，图形简单，可采用凸版印刷，文字和图案部分可采用UV上光，看起来有凸起感，并且文字更加光亮。

4. 成品流程

该包装的制作流程大致分为：设计构思→印前准备→设计初稿→定稿→印前电脑制作菲林→制造印刷版→成批印刷→装箱成品。如图5–30~图5–35所示。

图5 – 30 马六甲白咖啡新包装效果图

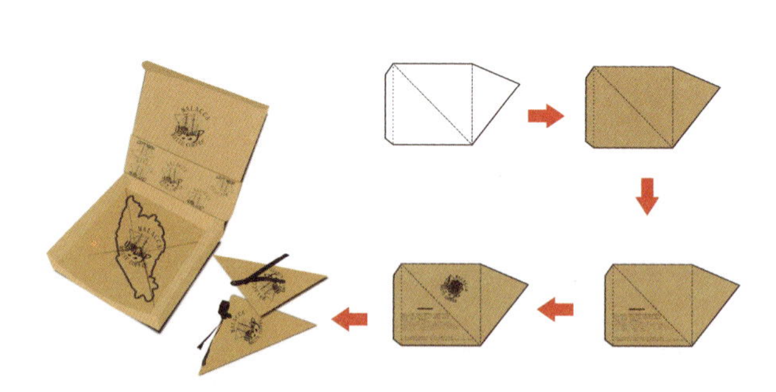

图5 – 31 马六甲白咖啡新包装制作过程图解

图5 – 32 马六甲白咖啡新包装实物

图5 – 33 马六甲白咖啡新包装实物

图5 – 34 马六甲白咖啡新包装实物

图5 – 35 马六甲白咖啡新包装实物

5.3 经典案例

5.3.1 白老醉品包装设计

在商店的陈列中，“白老醉品”品牌包装产品看起来整齐一致，整体性很强。通过对产品品名“白老醉品”的字体设计，强调了产品的独立个性和自我表现力，看起来既保守又睿智，同时具有视觉冲击力，如图5–36所示。

图5 – 36 产品标志

在品牌字体设计上，使用了稳定的黑体字，同时进行了现代化设计，看起来是具有传统纹样感觉的花瓣图案造型，让设计充满了古雅的艺术感，如图5–37所示。

图5 – 37 产品标志

不同产品的通过产品品名文字和不同的颜色来区分，而不是图案，传达了精致及简单的禅宗精神，吸引了对变化敏锐、心态成熟的消费者。以特定颜色（明度、纯度相似）为消费者提供导向，更好地对产品口味和类别进行管理，颜色的排列使商品更有吸引力，如图5–38~图5–40所示。

图5 – 38 产品玻璃包装

图5 – 39 产品塑料包装

图5 – 40 产品塑料包装

整体设计效果反馈较好，尤其是当产品在百货公司的零售专柜按系列有序排开，进行成组陈列展示时效果更好。

5.3.2 Goxua品牌包装设计

要想在国际市场上打开销路，更加要拥有独具一格的品牌形象。Goxua品牌以手绘形式处理品牌信息，文字与图形结合，让名字更容易记忆，创意大胆、简约，如图5-41所示。

该包装没有采用食品包装常见的黄、橙等颜色，而是采用了不常见的黑色底图配合浅蓝色圆形点，让包装看起来更具轻松感。在文字的设计上，手绘感较强，同时配以立体阴影图案。上面的一个小小的手绘蛋糕，表明了产品的种类，如图5-42所示。

整个系列的包装在盒型设计上采用了斜线处理，有的是将盒子边缘处理成斜线，有的是将盒型处理成斜的，让包装看起来富有动感，更具互动性，如图5-43~5-45所示。

图5－41 Goxua品牌标志

图5－42 Goxua品牌包装

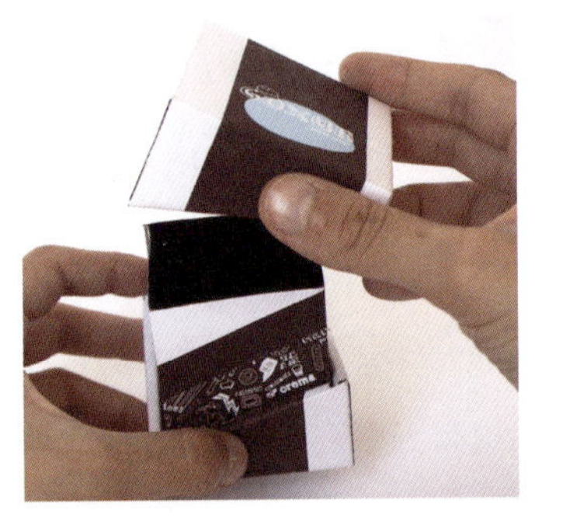

图5－43 Goxua品牌包装

图5－44 Goxua品牌包装

图5－45 Goxua品牌包装

产品在销售上获得了成功，同时也肯定了包装设计，加速了品牌的发展，如图5-46所示。

5.3.3 Honey有机蜂蜜包装设计

蜂蜜具有促进消化、缓解便秘、提高免疫力、改善睡眠等多种作用，古往今来都被推崇为滋补养生佳品。对于儿童来说，蜂蜜也是优质的保健食品。东京大学研究人员的大规模临床实验表明，加吃蜂蜜的幼儿与加吃砂糖的幼儿相比，前者体重、身高、胸围增加较快，皮肤较光泽，且少患痢疾、支气管炎、结膜炎、口腔炎等疾病。

Honey有机蜂蜜品牌标志采用了手写英文字体，看起来欢快、亲切、淳朴，加上一只插画形式的飞翔的蜜蜂，突出了蜂蜜的特点：纯粹、天然、新鲜、优质，如图5-47所示。

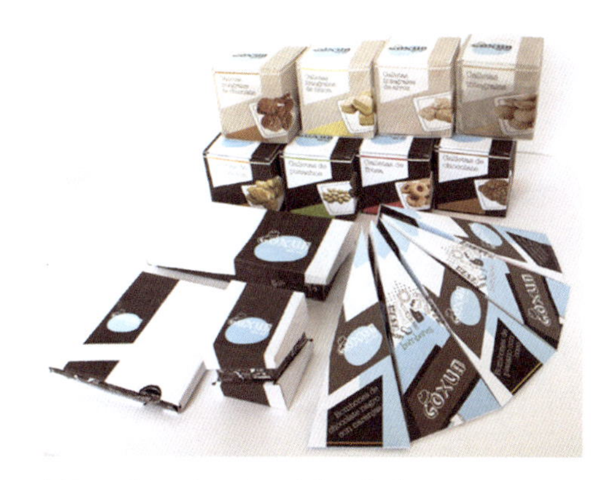

图5 - 46 VOYAGE广告及包装

图5 - 47 Honey有机蜂蜜品牌标志

在这个设计中，产品的容器结构也和包装瓶贴一样进行了原创设计，玻璃包装配合大面积的瓶贴，让产品看起来更雅致、有趣，让人记忆深刻，如图5-48和图5-49所示。

图5 - 48 Honey有机蜂蜜

图5 - 49 Honey有机蜂蜜

5.4 课后练习

【作业一】

作业题目：品牌概念欣赏。

作业形式：欣赏优秀的包装品牌标志设计，分析该品牌标志是否传达出该品牌的精神和产品属性。

【作业二】

作业题目：品牌概念设计。

作业形式：使用头脑风暴法，设计包装品牌元素。

相关规范：在纸张上，写上产品名称，然后写上与这个名称相关的名词、动词、形容词及短语；接下来写与这个名词传达的主题相关的词语；最后再写出与之相关的广告词及相关产品的视觉、触觉感受，数量越多越好。写满之后，在词语之间寻找联系，激发想象力，例如两个动词结合，或者名词和动词结合。在这一阶段不要排除任何动词，要尝试所有的创意路径，画足够多的草图。

【作业三】

作业题目：品牌概念包装设计。

作业形式：使用设计好的品牌标志元素，进行包装设计。

相关规范：使用已经设计好的品牌标志，从中挑选出二三个用软件或其他设计工具进行细化表现，并尝试将其应用到包装上。

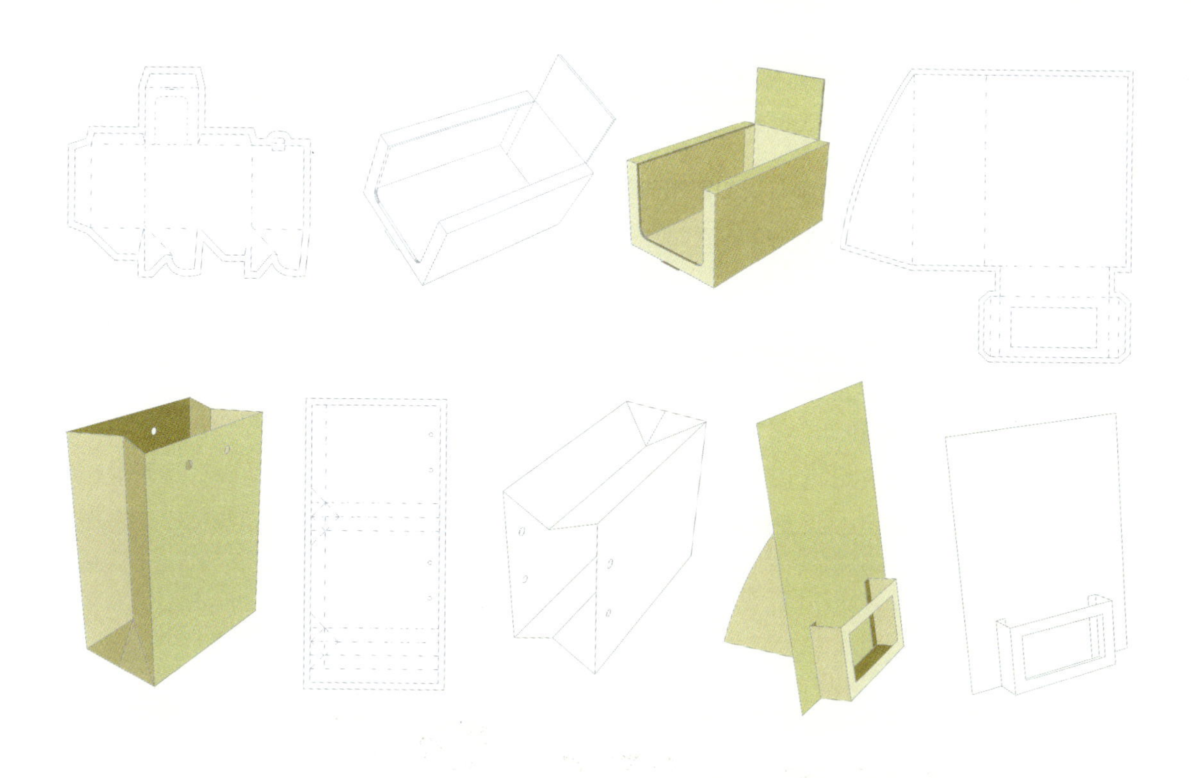

第六章：

图形图像在包装设计中的应用

训练目标：

通过学习，使学生掌握图形图像在包装设计中的应用，把握包装设计中图案的设计范畴，了解图案应用在包装设计中的规律、法则和形式。

课时时间：

4 课时

参考书目：

《字体与版式设计实训》（沈卓娅）

《包装设计：品牌的塑造》（克里姆切克）

6.1 基础知识

人们常把图形比喻为一种“世界语”，因为它不分国家、民族、男女老少、文化深浅、语言差异，能普遍为人们所看懂，并不同程度地了解其中的含义。究其原因，图形比文字更形象、更具体、更直接，它超越了地域和国家的疆界。德国哲学家海德格尔在20世纪30年代即宣称：“我们正在进入一个世界图像的时代，世界图像并非意指一幅关于世界的图像，而是指世界被图像掌握了。”美国学者丹尼尔·贝尔认为：“目前居‘统治’地位的是视觉观念。声音和景象,尤其是后者组织了美学，统率了观众。在一个大众社会里，这几乎是不可避免的。我相信，当代文化正在变成一种视觉文化，而不是一种印刷文化，这是千真万确的事实。”在图像时代,与商业生产紧密相连，与商品形象形影相随的包装设计发生了巨大的变化，呈现出区别于以往时代的美学新质，如图6-1和图6-2所示。

图6－1 坚果酱包装　　图6－2 咖啡包装

包装设计上的图形可分为两类，一类是直接表现包装的内容物，一般为具象图形，如摄影照片等。以具象图形中的图形图像是把商品形象的内在、外在的构成因素表现出来，以视觉形象的形式把信息传达给消费者，主要是通过绘画、摄影等手法表现出直观、具体的客观形象，其表现重点是内容物本身。绘画是包装设计的主要表现形式，根据包装整体构思的需要绘制画面，为商品服务，与摄影写真相比，它具有取舍、提炼和概括自由的特点。然而，商品包装的商业性决定了设计应突出表现商品的真实形象，要给消费者直观的印象，所以用摄影来表现真实、直观的视觉形象是包装装潢设计的最佳表现手法。在市场上，如方便面、饼干等一些食品的包装就普遍应用了具象图形，消费者一眼就能辨识出包装内的商品，如图6-3和图6-4所示。

图6 - 3 具象图形在包装中的应用

图6 - 4 具象图形在包装中的应用

另一类是作为产品的陪衬与烘托的图形符号，一般为抽象图形，如几何形的点、线、面，或图案花纹等。图形的视觉效果直观，可以让消费者在第一时间抓住传达的要素，并且不受地域、语言等的限制，如图6-5和图6-6所示。

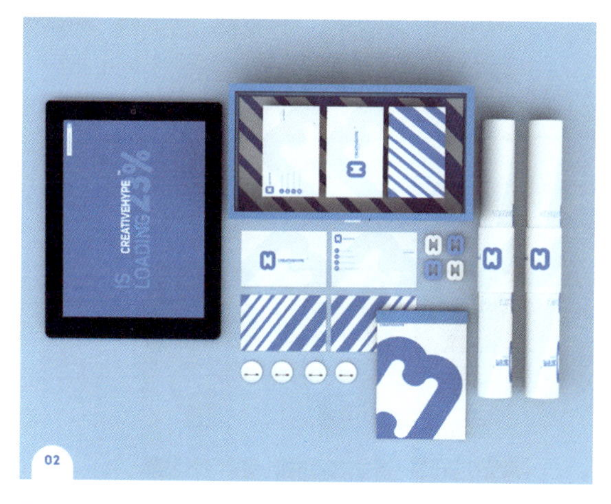

图6 - 5 抽象图形在包装中的应用

图6 - 6 纹理在包装中的应用

1. 实物图形

具象图形一般使用绘画手法、摄影写真等来表现。绘画是包装装潢设计的主要表现形式，根据包装整体构思的需要绘制画面，为商品服务。与摄影写真相比，它具有取舍、提炼和概括自由的特点。绘画手法直观性强，欣赏趣味性浓，是宣传、美化、推销商品常用的一种手段，如图6-7和图6-8所示。

摄影图片的运用有时能起到刺激消费者食欲的作用，通常运用具象的图形或写实的摄影图像，以食品香甜的诱惑力冲击人们的视觉，刺激食欲。尤其是一些本身形态较好的食品，通过细腻的摄影画面充分表现产品细部来激发购买者的食欲，如图6-9和图6-10所示。

随意的手绘插图、美丽的风景图片，甚至浪漫的传说在包装上营造的氛围，使消费者对情感的渴望很容易过渡到对包装内食品的渴望和好奇，从而产生美好的味觉联想，如图6-11和图6-12所示。

图6 － 7 实物绘画

图6 － 8 实物绘画

图6 － 9 摄影图片

图6 － 10 摄影图片

图6 － 11 趣味化图片

图6 － 12 手绘插图

图形以具体形象展示其商品的使用对象，如儿童食品包装，通常会选择健康、可爱的婴幼儿形象作为商品的图形，使消费者在商品和婴幼儿之间产生联想，从而认为自家小孩食用此商品也能和包装上的宝宝一样可爱。此类图形表现形式针对性强，便于选购，如图6–13所示。

融入地方文化，以商品的产地背景或产地图像作为包装设计的主要表现对象，如沪产的“上海老酒”一改旧面孔，采用富含上海人文特色的石库门图案作为外包装设计，一炮打响；沪产某品牌盒装巧克力，每一块上印制了不同的上海名胜，成为走俏的旅游商品，如图6–14所示。

包装设计师可以开发出各种人物角色，以便支持品牌宣传、彰显产品特征，进而使这些人物角色成为该品牌个性的化身，如图6–15和图6–16所示。由于在设定这些角色的品质、特征和特性时会有无限选择可能，所以要创造出最适合传达该品牌个性的角色将会是件极富挑战性的艰巨任务，种族含义、性别、面部表情、体型、肤色、形状大小、平面布局和设计风格，无论通过照片还是插画，都会影响传达效果 。

图6 – 13 幼儿形象作为包装中的图形

图6 – 14 手绘插图

图6 – 15 人物角色包装

图6 – 16 卡通角色包装

角色可以是人也可以是动物，用插画或者照片表现均可，还可以采用卡通风格而与人没有任何相似之处，如图6-17所示。塞尔维亚的学生Tomislava Sekuli为Lay's所作的包装设计，把一件包装的正反面图形连接起来，形成一个完整的图画故事，突出了零食给大家带来的乐趣，如图6-18所示。角色会博得男女老少各类人群的普遍喜爱，甚至能够突破文化差异的种种障碍；角色的姿势则会传达出某种情感特征，如自信、强壮、信赖、幸福、活力和趣味；角色应富有独特的气质和魅力。如果在角色设计中体现了这些特质，那么这款包装设计就能深深吸引住消费者，促进销售额的增长，进而创造出品牌的独特标志。消费者对于品牌的信心和忠诚感会与一个角色的形象紧密联系起来，因为他们总是希望对体现该品牌个性的“面孔”产生信赖感，并与之建立稳固的情感联系，如图6-19所示。

图6 - 17 角色在包装中的应用

图6 - 18 角色在包装中的应用

图6 - 19 角色在包装中的应用

2. 装饰图形

装饰图形分为具象和抽象两种表现手法。具象的人物、风景、动物或植物的纹样作为包装的象征性图形可用来表现包装的内容物及属性。抽象的手法多用于写意，采用抽象的点、线、面的几何形纹样、色块或肌理效果构成画面，简练、醒目，具有形式感，色彩鲜艳、活泼，散发出跳跃的个性和活力，如图6-20、图6-21和图6-22所示。

图6 - 20 抽象点线

图6 - 21 抽象点线

图6 - 22 肌理效果

将品牌或商标作为产品包装图形，可以突出品牌并且增强产品品质的可信度。许多饮料和香烟包装设计大都采用这种形式，以品牌图形来吸引消费者对品牌产品的味觉欲望，如图6-23所示。

图6 - 23 品牌作为产品包装图形

图形还可以对产品的功能做比喻化、象征化和联想化的描述，如用松树来表现老年人滋补品能延年益寿等。食品包装对包装图形的设计更是讲究，包装图形语言对食品包装的味觉信息的传递具有很大的影响。现代包装工艺的迅速发展，使得各种各样的装饰手法被用于食品包装。食品包装上不同形状，圆形、半圆、椭圆装饰图案让人有暖、软、湿的感觉，多用于口味温和的食品，如糕点、蜜饯或方便食品等；方形、三角形图案则相反，会给人冷、硬、脆、干的感受，多用于膨化食品、冷冻食品、干货，如图6-24和图6-25所示。

图6 - 24 圆形图案的应用　　图6 - 25 圆形图案的应用

设计师Moon Sun-Hee的花形药片包装设计，取名为Medi Flower，把药片装在可爱的花朵包装内，可以把它放在显眼的地方提醒病人按时服药，美观的包装也可以给饱受疾病困扰的患者带来苦中一点甜，如图6-26所示。Athyna品牌的奶牛图像和奶牛形糖果，令人倍感可爱、甜美，使人食指大动，如图6-27所示。

图6 - 26 Medi Flower药片　　图6 - 27 Athyna糖果

“触景生情”即是由事物唤起类似的生活经验或感情的回忆，它以感情为中介，由此物向彼物推移，从一事物的表象想到另一事物的表象。一般情况下，主要从产品的外形特征、产品的来源、产品的故事及历史、产地的特色及民族风俗等方面设计包装图形，来描绘产品的内涵，使人看到图形后就可以联想到包装内容物，同时渲染和美化产品，如图6-28和图6-29所示。此类手法直观，欣赏趣味浓，是推销产品的较好手段，在土特产食品中应用居多。

图6 - 28 牛奶包装

图6 - 29 Dicine橄榄酱

在包装设计中，图形抽象的语言给人以含蓄之美，意味深远，这种美在似与不似之间，含不尽之意于言外，不单是为了衬托或装饰，也不单是为了满足视觉的注目，而是能够深化到意义及情绪的暗示与渲染，因此抽象图形对于传达信息和情感的视觉设计来说，无疑是语言表现力不能比拟的一种形式。在包装装潢上采用抽象图形由来已久，自古有很多自然装饰花纹，特别是花鸟之类的纹样构成，即所谓的“折枝式”、“连续式”、“雷纹式”等，这些纹样表现在包装装潢上井然有序、平衡统一，有明显的装饰情调和简明的抽象风格，图6–30和图6–31所示。

图6 - 30 图纹在包装中的应用

图6 - 31 图纹在包装中的应用

优秀的包装设计令人喜欢，令人称赞，叫人忍不住想购买商品。这种令人不得不喜欢的因素，就是由包装散发出的象征效果。象征的作用在于暗示，虽然不直接或者具体地表达意念，但暗示的功能却是强有力的，有时会超过具象的表达。

6.2 设计实战

6.2.1《红楼梦》书籍包装设计案例

随着商品经济的发展与市场竞争的加剧，包装已成为商品参与市场竞争的有力武器之一，通过包装体现商品的特定文化品位，给人以愉悦的感受，创造附加价值。当阅读方式由深阅读走向浅阅读，当阅读不仅带给人思考更带给人轻松愉悦，其实书籍的“卖相”也起到了很大的作用，或者可以说，图书包装的变迁其实在某种程度上见证了阅读方式的变化。今天的读书更像一次就餐，一种排遣，一个习惯需要……我们已经进入浅阅读和时尚阅读的时代。此时，图书迈着时尚的脚步，开始全副武装，从腰封到书签，从海报到照片，从封面到内页，从纸张到规格……设计者使用了很多设计手法，精心设计，让书看起来夺目漂亮。现需要对书籍原来的简单包装进行再设计，以礼盒包装设计为主。《红楼梦》书籍包装是将书籍礼品包装做到极至的一个产品，如图6-32和图6-33所示为市场上常见的《红楼梦》书籍包装设计。

图6 - 32《红楼梦》书籍原包装

图6 - 33《红楼梦》书籍原包装

1. 产品定位

这是一款专门为四大名著之一《红楼梦》设计的礼品包装，设计内容包括书籍盒子、通灵宝玉盒子、红楼梦袋子、金陵十二钗书签、金陵十二钗册子、腰封等，通过材质、印刷来提升该礼品给人的文化感和价值感。

整体色调以红色为主，因为《红楼梦》是以金陵贵族名门贾、史、王、薛四大家族由鼎盛走向衰亡的历史为背景的，因此用红色更能凸显出红楼家族的气派、辉煌。

2. 设计手法

本套设计新颖独特，外包装有利于保存珍贵的书籍资料进行收藏；装饰在书籍中的全息立体照片，以及礼品包装上闪耀的全息彩虹，使人们体会到21世纪印刷技术与包装技术的新飞跃。

设计人员要完成从设计稿到印刷前的制作，从字体设计和组合，再到腰封、到盒面设计的整齐包装前期的制作过程。

3. 基本思路以及创新点

（1）书籍“腰封”设计。无书不腰封，这几乎是近年来出版界默认的潜规则，如何让腰封样貌别致、信息密集、迅速抓住读者的眼球，这是出版商的着力点。

文字使用深红色字体和红色丝网相结合，再配上红楼梦印章，经过图形文字的整合与排版，字体设计效果如图6-34所示，腰封设计效果图如图6-35所示。

图6 - 34 字体设计与组合

图6 - 35 腰封设计

（2）金陵十二钗书签。现在很多书籍都会奉上一张为此书量身打造的书签，其图案与书中故事相合，还附上一两句书中的经典语录，很贴心、很实用。

（3）书匣。装在书匣里的书总让人觉得珍贵，对其内容也充满遐想，掀开外封之后，内里很可能别有洞天，让人惊艳，提升了商品品质。

（4）金陵十二钗册子。很多读者都会喜欢《红楼梦》中的人物，“金陵十二钗”是《红楼梦》中太虚幻境“薄命司”里记录的南京十二个最优秀的女子，如果将人物系统化，制成随书赠送的“手册”，精致简洁且实用，可以随身携带，会更有意义。

（5）套系设计。如果说一本书单独宣传包装有点势单力孤，那么一套有着共同特点的书以集群的方式亮相，采用统一的封面设计体系，打出共同的特色内涵，就要引人注目得多。

（6）书籍中的产品包装。将贾宝玉的“通灵宝玉”作为附加产品，这样，该套书籍更加是馈赠亲朋的好礼品。

图6 - 36 盒面效果

4．印刷思路

包装印刷是提高商品的附加值、增强商品竞争力、开拓市场的重要手段和途径。设计者应该了解必要的包装印刷工艺知识，使设计出的包装作品更加具有功能性和美观性，最终效果如图6-37所示。

（1）烫金工艺。烫金工艺的表现方式是将所需烫金或烫银的图案制成凸型版加热，然后在被印刷物上放置所需颜色的铝箔纸，加压后，使铝箔附着于被印刷物上。

（2）覆膜工艺。覆膜工艺是印刷之后的一种表面加工工艺，是指用覆膜机在印品的表面覆盖一层透明塑料薄膜。经过覆膜的印刷品表面会更加平滑、光亮、耐污、耐水、耐磨。

（3）UV防金属蚀刻印刷工艺。UV防金属蚀刻印刷又名磨砂或砂面印刷，是在具有金属镜面光泽的承印物（如金、银卡纸）上印上一层凹凸不平的半透明油墨以后，经过紫外光（UV）固化，产生类似光亮的金属表面经过蚀刻或磨砂的效果。UV防金属蚀刻可以产生绒面或亚光效果，可使印刷品显得柔和而庄重、高雅而华贵。

图6 - 37 成品立体效果图

5. 成品流程

包装的制作流程大致为：设计构思→印前准备→设计初稿→定稿→印前电脑制作菲林→制造印刷版→成批印刷→手工裱糊→装箱成品。

6.2.2 天香百味干果包装设计案例

核桃，落叶乔木，原产于近东部地区，又称胡桃、羌桃，与扁桃、腰果、榛子并称为“四大干果”。 现代医学研究认为：核桃中的磷脂，对脑神经有良好保健作用；核桃油含有不饱和脂肪酸， 有防治动脉硬化的功效；核桃仁中含有锌、锰、铬等人体不可缺少的微量元素，人体在衰老过程中锌、锰含量日渐降低，铬有促进葡萄糖吸收、胆固醇代谢和保护心血管的功能；核桃仁的镇咳平喘作用也十分明显，在冬季对慢性气管炎和哮喘病患者疗效极佳。可见经常食用核桃，既能健身体，又能抗衰老。

品牌为“天香百味”的干果系列产品，产品主要为野核桃、葡萄干、无花果、巴旦木、大枣等。系列产品包装分为不同容量、不同品种、不同档次的内、外包装、礼盒包装等。客户要求包装设计主题突出、构图精美、简洁大方，富有美感和艺术感强，同时希望设计师考虑到产品主要在全国范围内销售，风格上要有强烈、浓郁中国传统文化的象征，又要有时尚和现代感；形成系列产品后，一眼看去就能够清晰地识别出这是一个产品系列；图案元素要充分考虑到产品的系列特征，便于中标后进行后续的全系包装及其他宣传品的设计。

关于干果系列的包装进行了很多构思，最终决定从产品的历史来进行定位，选用类似古代版画的图案来做基本形，在手提袋、礼盒、小包装上都运用该元素，使整套包装的风格一体化。在选材上，考虑牛皮纸是最能体现天香干果质朴风格的。包装设计效果如图6-38和图6-39所示。

图6 - 38 天香百味干果包装

图6 - 39 天香百味干果包装

6.3 经典案例

6.3.1 Mr Popple's Chocolate包装设计

设计是生活感悟的反应。“Popple”巧克力包装设计就是这样的产物。Popple巧克力采用纯可可豆和有机原料，英国设计公司KO Creative为他的雇主设计了这一系列有个性名字的巧克力包装，是为了酒吧里人们不同的需要，使这款产品充分体现了绿色有机的理念，它的外观看起来很“粗糙”，这也意味着来自天然的成分，采用再生水基油墨印刷，包装上的字体可以用自由印章任意加盖。极度矛盾物体的碰撞在Popple包装上却是那么融合，使这款巧克力在众多可可糖果中脱颖而出，如图6-40所示。

设计上，采用轻松的印章方式，结合不同的彩色水性颜料，调和出Popple独有的温情后工业化味道。用最少的钱达到最好的效果，节约成本，设计的附加值也就最大化得提升了。按照大规模的包装生产方式印刷成本太高，但打印又显得太过随意，于是KO Creative制作了一批印章，采用环保的卡纸袋，然后在包装上盖章，效果比印刷还好，既特别又非常便宜，而且和后工业时代手动打印的油墨感觉非常接近，吻合Popple的感觉，如图6-41所示。

图6 - 40 Mr Popple's Chocolate包装设计

图6 - 41 印章

设计需要恰到好处，每一个设计项目，都有其特定的人群、审美和视觉习惯，特定的产品特性和卖点，把这些“特定”用视觉形式准确表达出来并使人感受到，设计基本就完成了使命，如图6–42和图6–43所示。

图6 - 42 Mr Popple’s Chocolate包装设计

图6 - 43 Mr Popple’s Chocolate包装设计

6.3.2 Smirnoff Caipiroska果汁酒包装设计

酒水品牌Smirnoff邀请JWT智威汤逊为他们的果汁酒Smirnoff Caipiroska设计包装，包装使用了水果本身的纹理为酒瓶包裹一层薄膜，共有三种口味，柠檬，西番莲和草莓，打开包装时就好像在剥开一枚水果，如图6–44和图6–45所示。

图6 - 44 Smirnoff Caipiroska果汁酒包装

图6 - 45 Smirnoff Caipiroska果汁酒包装

为了突出Smirnoff公司精品果酒的纯天然口味，设计人员设计了别致的清新的互动式包装，将果酒外包装上的“果皮”轻轻剥落，酒瓶上的公司标志性Logo和产品介绍才会出现。而Smirnoff公司精品果酒纯天然的品质也在这种包装揭秘的过程中，通过形象的设计理念、互动的开启方式被表现得淋漓尽致，如图6–46所示。

图6 – 46 Smirnoff Caipiroska果汁酒开启过程

零售商与消费者都很喜欢产品的新形象，Smirnoff公司还推出了礼盒设计，包括整打装和箱装，这样，消费者就可以建立起其在酒吧品尝的瓶装酒和货架上代售产品之间的视觉联系，如图6–47所示。

图6 – 47 Smirnoff Caipiroska果汁酒整体包装

6.3.3 Monster Milk（怪物牛奶）品牌整体包装

Monster Milk（怪物牛奶）品牌整体包装来自俄罗斯设计师Levap Vonayl，设计的品牌VI系统十分有趣。Levap Vonayl把牛奶含有的乳酸菌创意地画成卡通形象，利用柔和的粉红、淡黄色、浅蓝色、浅绿色作为益生菌的主题色彩，让人看着就觉得很舒服，如图6–48和图6–49所示。

图6 – 48 Monster Milk标志及字体　　图6 – 49 Monster Milk图形

Monster Milk包装设计通过创作有趣的图案设计，传达了品牌技术创新，以区别一般产品，表达了Monster Milk（怪物牛奶）的产品独特性，如图6–50和图6–51所示。

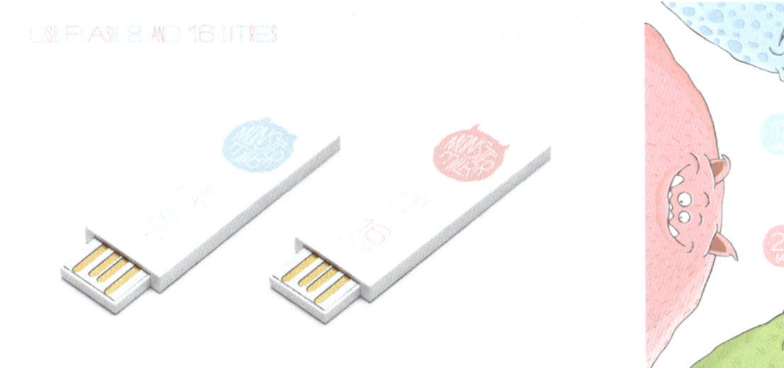

图6 – 50 Monster Milk包装

图6 – 51 Monster Milk图形

Monster Milk包装上添加了趣味性元素，赋予了产品强烈的个性，同其他奶制品相区别，如图6–52所示。

Monster Milk包装创造更加易于消费者识别的品牌和产品系统，通过不同于一般奶制品的包装和标志重建品牌，采用了易于记忆的简洁、现代的图形设计，同时将统一的元素应用到广告、海报、户外广告牌上，如图6–53~图6–55所示。

图6 - 52 Monster Milk包装

图6 - 53 Monster Milk应用

图6 - 54 Monster Milk应用

图6 - 55 Monster Milk应用

为了创造一个生动活泼的图像，建立消费者与品牌直接的情感沟通，Monster Milk包装在产品T恤、冰箱、运输车，甚至奶牛身上，都应用了这个可爱的“怪物”形象，如图6–56~图6–59所示。

图6 - 56 Monster Milk应用

图6 - 57 Monster Milk应用

图6 － 58 Monster Milk应用

图6 － 59 Monster Milk应用

产品设计的成功超过所有人的想象，零售商被包装所吸引，等不及尝试就开始订货；消费者开始尝试包装上信息所传递的新口味。

6.4 课后练习

【作业一】

作业题目：图像风格分析。

作业形式：对下面的果汁包装的图像进行欣赏，分析图案的形式，以及不同的图案表现在不同的包装上有什么不同效果。

【作业二】

作业题目：果汁包装瓶贴设计。

作业形式：使用头脑风暴法，设计包装图案及瓶贴。

相关规范：橙子、桃子、苹果果饮（果汁）包装设计要求如下。

一、包装种类：750ml塑料瓶。

二、产品名称：橙子果饮、桃子果饮、苹果果饮或橙子果汁、桃子果汁、苹果果汁。

三、重点是图案或图形的设计，要求风格大气、简约而不简单。

四、有视觉冲击力，醒目易识别，突出饮料元素，能体现果饮特色。

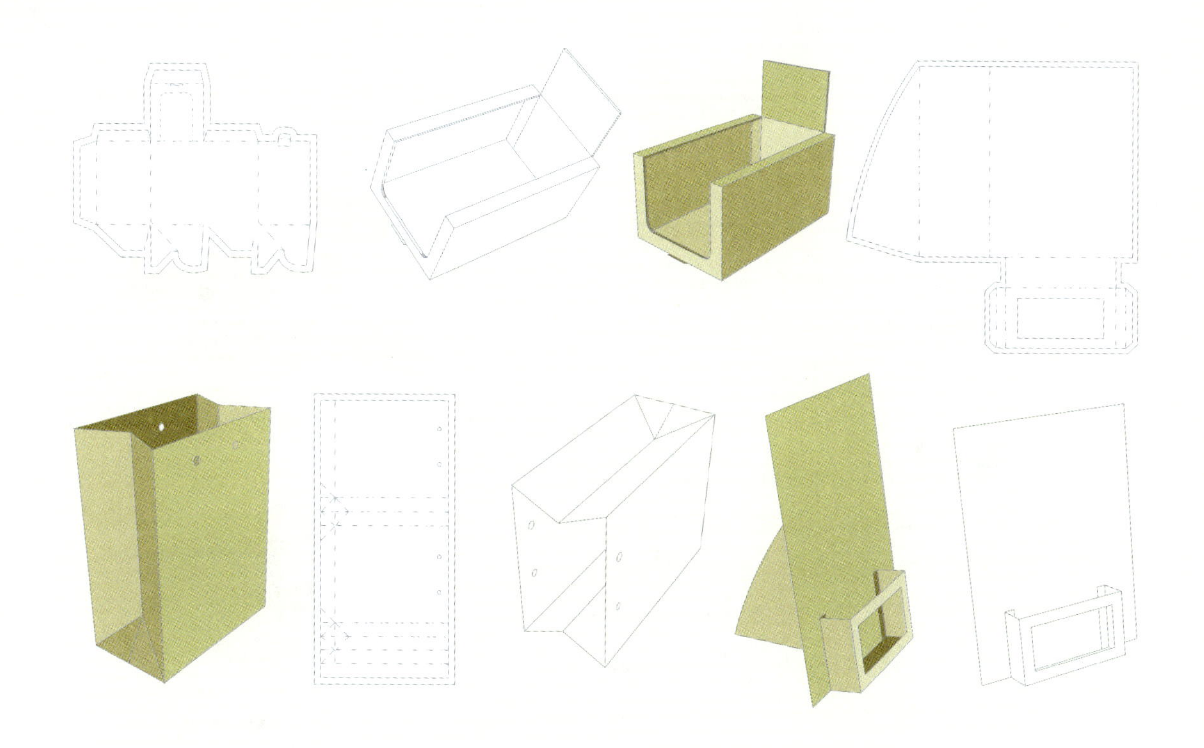

第七章：

色彩在包装设计中的应用

训练目标：

通过学习，使学生掌握色彩在包装设计中的应用，通过对色彩进行有效的管理和设计，表现不同商品的特性。

课时时间：

4 课时

参考书目：

《包装教学与设计》（卜一平）
《包装设计实务教程》（李晓民）

7.1 基础知识

自古以来就有“远看色彩近看花”、“七分颜色三分花”之说。当我们走进商品琳琅满目的超级市场时，映入眼帘的是五光十色的各种各样的包装，简直就是色彩的海洋。根据国际流行协会调查数据表明：在不增加成本的基础上，通过改变色彩的设计，可以给商品带来10%~25%的附加值。据有关资料分析，人的视觉感官在观察物体时，最初的20秒钟内，色彩感觉占80%，而其造型只占20%；2分钟后，色彩占60%，造型占40%；5分钟后，各占一半；随后，色彩的印象在人的视觉记忆中还能继续保持。优秀的商品包装色彩设计能够给消费者带来审美愉悦，并激发其购买欲望，如图7–1和图7–2所示。

图7 – 1 Point G食品包装设计

图7 – 2 Reynolds and Reyner 油漆品牌包装设计

美国的色彩研究中心曾做过这样一个试验，研究人员将煮好的咖啡分别装在黄、红、绿3种颜色的咖啡杯内，让几十个人来品尝比较，结果品尝者们一致认为不同颜色咖啡杯内的咖啡味道不同，黄色杯内的咖啡味淡，绿色杯内的咖啡酸，红色杯内的咖啡味美。在系列试验的基础上专家们得出结论，包装的颜色能左右人们对商品的看法，例如，红色的硕果给予人甜美的口感，因此，红色用于包装主要就是要传递甜的味觉，红色还能给人以热烈、喜庆、革命的联想；而黄色使人联想到刚烘焙出炉的糕点，散发着诱人的香味，所以在表现食品的香味时多用黄色；橙黄色介于红与黄之间，其传递的味觉如橙子，甜而略带酸味；而表现新鲜、嫩、脆、酸等口感与味觉一般都以绿色系列的色彩来表现。至于味觉的强弱亦即口感的浓与淡，则主要靠把握色彩的强度和明度来表现。我们从众多的口香糖系列、牛奶系列、果冻系列中可以归纳出：粉红色往往代表草莓味、水蜜桃味，绿色青苹果味，黄色芒果味、柠檬味，黄绿色杨桃味，蓝紫色蓝莓味，紫色葡萄味，褐色巧克力味等，如图7–3和图7–4所示。

图7 – 3 MAROU包装

图7 – 4 MAROU包装

儿童用品在设计上最重要的就是色彩和造型。美国宾州州立大学的Marley Stellmann所设计的这套儿童洗护用品就充分展示了这两个元素，色彩的鲜艳加之独特的造型，的确可以引起孩子更大的兴趣。五个沐浴用品被分装在不同瓶子里，每个瓶子上印有不同的海洋生物，而摆放这些瓶子的架子被设计成了潜水艇的造型，海洋生物透过潜艇呈现出来，让孩子们的沐浴过程变成一场探险家的游戏，如图7–5所示。

图7 – 5 儿童洗护用品

来自日本的Kota Kobayashi同学为INSTANT快餐设计了一套包装。整个包装最醒目的莫过于“3”了，之所以这样设计，是因为该产品能在三分钟内就吃完，毕竟吃快餐的朋友应该都不会有太多时间。另外Kota Kobayashi用图标及颜色去区分了不同的口味，而且整个颜色占了包装的三分之一，这样有利于快速识别所需要的口味，如图7–6所示。

图7 – 6 INSTANT快餐

通常不同年龄、性别、身份、职业、地域的人在色彩审美上会具有典型偏好，比如，儿童喜欢缤纷色，青年人喜欢活泼色，中老年人喜欢稳重色；女人偏好粉色、暖色，男人偏好冷色；时尚行业的人喜欢流行色彩，公务员喜欢沉稳色彩。 不同的消费者人群购买心理也大不相同，如工人、农民大多喜欢经济实惠、牢固耐用、艳丽多彩的商品；知识分子大多喜欢造型典雅、美观大方、色彩柔和的商品；文艺界人士大多喜欢造型优美、别具一格、具有现代艺术感的商品。色彩对人的情绪也有一定的影响。针对女性的产品及其周边行业对应粉色、红色、紫色、浅蓝、淡绿等象征浪漫、温馨、美好的色系，如图7–7所示；针对男性的产品及其周边行业则对应深蓝、深绿、深紫等冷静的色系，如图7–8所示；针对儿童的产品及其周边行业对应鲜艳的红、蓝、黄、绿等活泼的色系。

图7 – 7 化妆品

图7 – 8 Stumpy饮料

每个行业的色系有其鲜明的特征。食品行业多用嫩黄、粉红、大红等在色彩通感上具有甜味感的色系；教育业对应蓝、绿等象征希望、生命力的色系；政府部门则对应偏深蓝色、土黄色等有历史感、沉静感的色系；机械行业多用蓝色系；无彩色原则上可以用在各种行业。行业的色彩特征可以分得很细，同一行业中不同的产品都可以总结出适宜其销售形象的色系，如，大宝系列产品的包装中有粉色、绿色、蓝色、紫色、黑色、金色等多种色彩的巧妙搭配，线条简洁但色彩丰富。高档化妆品的消费者主要为经济条件良好的女性，相对而言，她们优越感和虚荣心比较强，应通过色彩显示其商品的高贵、物有所值，满足这一群体的心理需求，如，爱茉莉莹润系列产品，以金色做装饰。在中国人的观念中金色有一种至高无上的意味，选用金色能充分显示出产品的高档品质与尊贵地位。伊诺姿水晶角质系列产品选用紫色包装瓶，优雅、高贵的感觉自然散发，让拥有者获得了较大的心理满足。同属食品行业，饮料行业多用绿、红、蓝等象征健康、清凉或者活力的色系，如图7–9所示；西式糕点行业则多选用色彩通感具有甜香味的金、金黄、淡黄、嫩黄的色系，如图7–10所示；加工肉行业多选用红色系来象征其肉类的新鲜诱人。

图7 – 9 饮料包装

图7 – 10 咖啡包装

色调的构成应从色块之间的构成关系角度出发，抓住色彩的节奏与韵律，巧妙有机地调度，各种色彩，按照一定的层次与比例，有秩序、有节奏地相互连结、相互依存、相互呼应，从而构成和谐的色彩整体，而多样与统一仍是色块处理、色调构成的基本法则。色调构成应根据内容、图形、效果区分色彩的主次关系，分为主导色、衬托色、点缀色，主导色的面积一般占总面积的75%左右，衬托色占20%左右，点缀色占5%左右。如图7–11所示的产品的包装整体搭配素雅大方，色调既有对比又和谐统一。HANDSOME咖啡包装主色调为咖啡色，衬托色为白色，点缀色根据不同的口味采用了不同色调的亮色，如图7–12所示。

图7 - 11 色调构成

图7 - 12 色调构成

为了达到整体性的效果，包装用色要简洁、明快，尽可能采用1~3种色相。首先，采用单色给人视觉冲击力更强于层次变化丰富的色调，如图7–13所示。其次，间色与原色相比弱一些，如橙、绿、紫色。再次，纯度高的色相，如原色、暖色，其注目性最强，视觉冲击力最强，如图7–14所示。最后，高明度、高纯度的色相视觉冲击力强，如红黄、黄绿；低明度、低纯度注目性差，视觉冲击力低，如暗色调的色彩。在设计包装色彩时采用少量的颜色，单色或两种颜色给人感觉更简洁、精练，印象深刻。为了装饰性更强，单色包装可变为由深到浅的渐变色，纯度由纯到浊的渐变或者用黑、白、灰（银色）、金色做背景来衬托单色，使包装的色彩看起来更精致、丰富、统一。另外加大色彩面积强化主色调的色彩，也可增强视觉冲击力。

图7 - 13 单色包装

图7 - 14 色相冲击力

色彩设计作品能够打动人，其关键不在于色彩是否强烈，而是对色彩运用的丰富变化和搭配上。通过灰、白、黑变化其纯度或者明度，从而组成等级色的画面，可以使得画面的效果产生节奏感和秩序感，如图7–15所示。色彩搭配的本质就是色彩对比。高明度颜色组合温馨素雅，低明度颜色组合沉着冷静；高纯度颜色组合活泼俏丽，低纯度色彩组合含蓄低调；高中低明度的几个颜色组合在一起则清新明快。至于色相对比，需要注意的是，面积有对比，画面才不会杂乱无章，如图7–16所示。在进行包装设计的时候，各种色彩组合方式都能试一试，这样才可以找出最适宜的色彩搭配来。

图7 - 15 等级色包装

图7 - 16 色相对比包装

众多的著名企业在发展的过程中，正是用某一固定的能代表自己形象的色彩，包装着企业的产品，推广着企业的新产品，树立着企业的良好形象，为商品营销服务。美国可口可乐公司的“可口可乐”饮料包装，虽然图案在不断变化，但其包装的主打色——红色却一直未变。红色是青年人的色彩，是运动的色彩，也是可口可乐公司具有朝气的象征，如图7–17所示。美国柯达公司用代表希望、喜悦和思念的黄色包装其胶卷产品，人们一选到黄色包装的胶卷就会很自然地想到能给人留下永恒灿烂形象的美国柯达胶卷，如图7–18所示。独具特色的企业形象色彩不但能够起到吸引消费者注意力的作用，而且还可以增强公众的记忆力，从而使消费者对该色彩留下深刻的个性印象，并进一步熟悉记忆，引发联想，产生感情定势，建立消费信心。

图7 - 17 主打色包装（可口可乐） 图7 - 18 主打色包装（柯达胶卷）

流行色，是合乎时代风尚的颜色，即时髦的、时兴的色彩。它是商品设计师的信息，国际贸易传播的讯号。对包装色彩的情感运用，是建立在色彩规律特点的基础上，并不代表它是永恒的规律，应在新的形势下有所创新和突破。例如，生活中鲜见蓝的色食品。因此，蓝色在食品包装设计上的主要功能是增强视觉冲击力，更显卫生与高雅，如图7–19所示。而卡夫旗下的“OREO”饼干在原包装的基础上进行了突破创新，大胆运用蓝色和紫色的搭配包装，给人一种独特的感受。以黑色为例，黑色是象征黑暗和死亡的颜色，向来被食品包装行业视为禁忌，但是黑色设计运用得当也会有出奇制胜的效果。几年前一位中国设计师在日本研修期间，曾经参与了一项日清食品公司新开发的碗装方便面的包装设计任务，同时参与竞标的还有其他的设计公司，产品的消费群是上班族，设计要求体现时代感，视觉效果强烈等。然而最后中标的竟然是一款纯黑色的设计，令中国设计师大跌眼镜。接下来在新品上市的第二个月里，它排在了最受消费者欢迎商品排行榜的第16位。这充分说明消费者具有足够的包容性，传统的色彩视觉观念也正在发生着改变。28° 巧克力以纯黑色的包装上市时，便吸引了众多的消费者，创造了消费奇迹，如图7–20所示。

图7 – 19 蓝色食品包装

图7 – 20 纯黑色包装（28° 巧克力）

7.2 设计实战

7.2.1 纳西神草包装设计案例

纳西神草的原料来自云南省丽江地区玉龙雪山，由于海拔、气候因素暂时无法人工培育，每年产量有限。

客户要求外包装按照标准的10袋装袋泡茶设计，要求能表达产品的神秘感及产品档次。产品零售价：暂定129元/盒。由于纳西文字是国内唯一还在使用的象形文字，可以考虑将纳西象形文字与汉字融合到一起。纳西文字可添加颜色，每一个字均可使用不同的颜色，但需要注意纳西族使用的染料多为植物及天然染料，添加颜色时应少用调和色。包装色彩方面可选择更艳丽的色彩。产品属于养生保健品，与传统的茶品不同。产品预计在商场超市等传统渠道销售，陈列时与商场超市其他产品有所差别。云南省的少数民族较多，还是“植物王国”，设计师可以考虑加入一定神秘色彩的因素。

1. 产品定位

纳西神草是养生保健品，与普通的茶品不同，其风格要神秘，要大气，要有纳西族的特色，视觉要明了，能体现商品的稀少和珍贵。

2. 设计手法

根据商品的特点进行定位，以纳西族的大力神为包装主体，以纳西族图案为花边装饰，以纳西族的服饰颜色的条纹为衬托，以类似纳西文字和汉字的结合的字点明主题，显示出纳西神草的尊贵。

由于客户要求需要非调和色的天然染料的色彩，要求艳丽的色彩，于是从其民族服饰上进行吸色和搭配，如图7–21所示。然后将大力神进行改造和填色，如图7–22所示。

选择服饰的颜色填充在周围的彩色边，如图7–23所示。

加入花边装饰和文字，文字如图7–24所示。平面效果如图7–25所示。

图7 – 21 民族服饰

图7 – 22 大力神

图7 – 23 填色

图7 - 24 文字和图案

图7 - 25 包装平面

3. 印刷思路

本包装采用铁盒包装，材质为薄板钢材，该材料制作的容器强度高，密封性能好。对于金属包装来说，一般采用丝网印刷，由于丝网印刷可以自由选择油墨来设定颜色，有着独特的表现效果。

近年来兴起的金属盒印刷机可代替丝印、移印、转印设备，无须制版、无须套色，能制作出比传统方式更高的印刷质量，机器操作简易、性能稳定，完全满足各行业批量生产的要求，从而显著提高产品的市场竞争能力。

4. 成品流程

包装的制作流程大致为：设计构思→印前准备→设计初稿→定稿→印前电脑制作菲林→制造印刷版→成批印刷→制盒→装箱成品。

最终效果如图7–26和图7–27所示。

图7 - 26 效果图

图7 - 27 效果图

7.2.2 莲食坊包装设计案例

此作品是为莲食坊做的一系列传统食品包装，由一个手拎袋大包装和内置三种不同盒型的软纸和硬纸结合的系列小盒子组成，小盒子内装三种不同图案的小包装袋，为绿豆、桂花、玫瑰的小袋子分别装绿豆糕、桂花糕、玫瑰糕，另外还有一个抽拉式的盒型，如图7–28和图7–29所示。

图7 – 28 莲食坊包装设计

图7 – 29 莲食坊包装设计

因为是传统食品，所以字体选用古老的字体。版式为上中下排列，比如绿豆糕，上下块面中放入绿豆的图形，中间是一个古式的花纹，花纹中间书写“绿豆糕"三个字，字下面是商品标志。桂花糕与玫瑰糕同样。颜色上选用了绿色、橘色、黄色，用这些色彩鲜艳的颜色来体现莲食坊食品的美味，如图7–30和图7–31所示。

图7 – 30 莲食坊包装设计

图7 – 31 莲食坊包装设计

包装上底纹使用的图案根据主题不同而不同，每个图案都有各自的特点，体现莲食坊每种食品独特的味道和特点，在版式上体现它们的统一。最终效果如图7-32所示。

图7 - 32 莲食坊包装设计

7.3 经典案例

7.3.1 milko包装设计

瑞典牛奶生产商milko为巩固市场份额，防止销售下滑，委托Lisa Furingsten、Ida Johansson等设计师为其设计了该款利乐装牛奶包装，产品紧紧抓住天然、健康的理念，推出了清新、崭新的形象视觉包装，如图7-33所示。为了凸显牛奶的维生素补充和新鲜的产品特点，设计师设计了强调新鲜度为主要特征的品牌形象，如图7-34所示。

图7 － 33 milko牛奶包装

图7 － 34 milko牛奶包装

用不同颜色区分牛奶产品的不同口味，识别颜色和口味成为统一灌制的特色产品设计。为了吸引家长和孩子，milko包装采用了有趣的图案设计，和原有的颜色系统一起，形成了milko牛奶的包装体系，如图7–35所示。明亮、愉悦的包装，让人感觉拥有milko牛奶是一种良好健康的生活方式。

图7 － 35 milko牛奶包装

7.3.2 Fazer Vilpuri包装设计

Hasan & Partners公司为Fazer Vilpuri设计的几款鲨鱼形包装袋，完全改变了孩子们对这种异常凶猛的动物的看法，它们在被卡通化之后，形象居然如此可爱！这是一系列很可爱的糕点包装，简约但不简单，基本形象是卡通鱼，色彩明快欢乐，辨识度很高，如图7–36、图7–37和图7–38所示。

完全没有浮夸累赘的装饰，只是色彩和图案的应用，就足以让人食指大动起来。看到这样可爱的包装，你也会忍不住买上一袋吧？ Fazer Vilpuri包装设计的网站，和其包装风格统一，可见该公司在营销上花了不少工夫，如图7–39所示。

图7 - 36 Fazer Vilpuri包装设计

图7 - 37 FazerVilpuri
包装设计

图7 - 38 Fazer Vilpuri
包装设计

图7 - 39 Fazer Vilpuri网站

7.3.3 Fedrigoni Calendar 2011日历包装设计

Fedrigoni是一家总部位于意大利的纸品公司，专门为设计师和印刷业提供各种纸张。此次他们的英国公司推出的2011桌面立体纸盒子日历，在设计上借用了俄罗斯套娃的灵感，13个方形纸盒层层叠叠套在一起，每一个盒子上绘有一个月份的日历。日历采用了11种不同的纸张，提供一定实用价值的同时也在展示自己公司的产品，如图7–40所示。

将Fedrigoni立体纸盒子日历全部取出，恰似一条时间的彩虹，如图7–41所示。

该设计由英国造纸公司Fedrigoni推出，也是该品牌在英国大学设立的“创意设计网络”大赛的获奖作品，设计者是刚刚毕业的Paul Betowski。这套2011年版Fedrigoni纸盒子日历，共用到了24种颜色，以及9种不同重量和2种浮雕花纹的纸材，看上去非常有质感，很上档次，如图7–42所示。

图7 － 40 Fedrigoni Calendar 2011日历

图7 － 41 Fedrigoni Calendar 2011日历

图7 － 42 Fedrigoni Calendar 2011日历

7.4 课后练习

【作业一】

作业题目：观察分析不同类型包装的色彩有没有共同性。

作业形式：观察食品、文具、科技产品等产品的包装，从色调、明度和纯度方面思考，是否在色彩的设计上有共同性。

【作业二】

作业题目：儿童食品包装设计。

作业形式：请自拟题目，为某一种类的儿童食品进行包装设计。

【作业三】

作业题目：方便面色彩分析。

作业形式：请为市场上的方便面的色彩、版式、图案进行设计分析。

【作业四】

作业题目：方便面包装设计。

作业形式：请为统一牌红烧牛肉面（或其他种类方便面）进行包装设计。

相关规范：填写以下表格，并自行打分。（每项10分）

序号	内容	分数
1	包装色彩能否在竞争商品中有清晰的识别性？	
2	能否很好地象征商品的内容？	
3	色彩设计能否与其他设计元素统一，有效地表示商品的品质和分量？	
4	是否为商品的购买群体服务？	
5	是否有较高的明视度，并能对文字有较好的衬托作用？	
6	单个包装效果与多个包装叠放效果如何？	
7	色彩在不同市场不同陈列环境是否都充满活力？	
8	商品的色彩是否不受色彩管理与印刷限制，效果如一？	
9	在同类产品的竞争中能否彰显该产品的特色？	
10	该产品能否在货架上脱颖而出，并在同产品下的各品种间建立联系？	

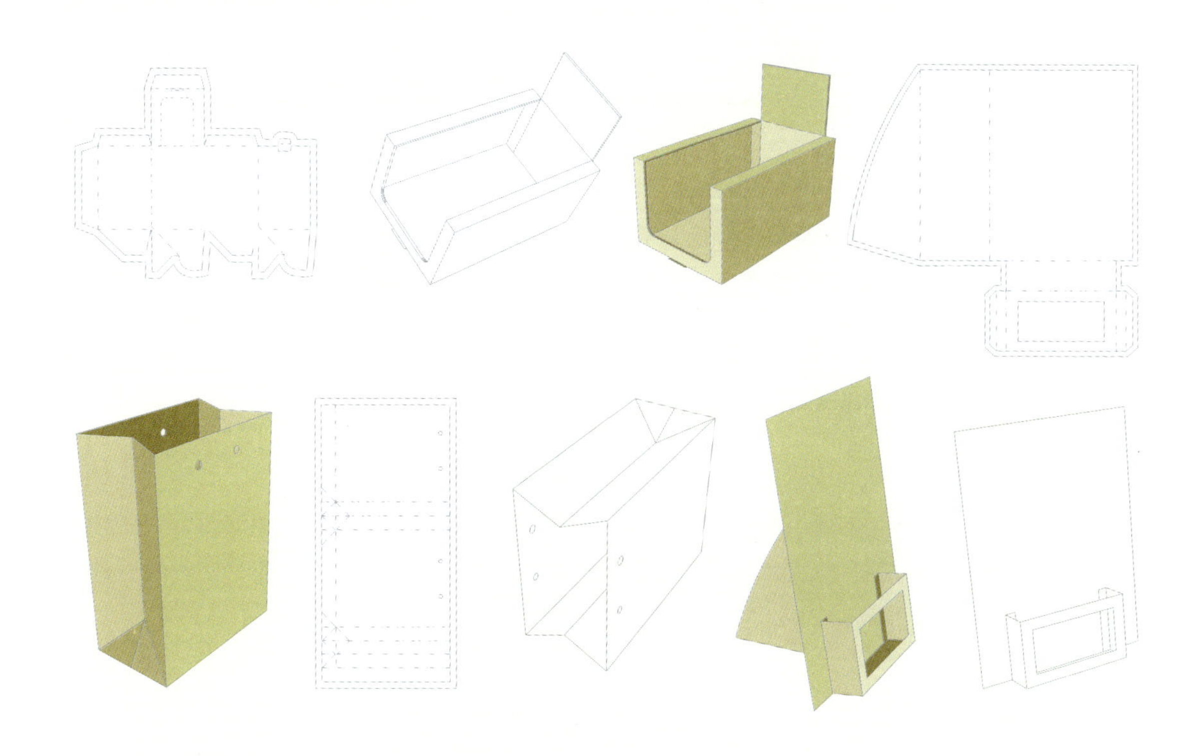

第八章：

版式在包装设计中的应用

训练目标：

通过学习，使学生掌握版式在包装设计中的应用，使学生能准确把握包装平面视觉设计的版面编排特点，能较好地表现不同商品的特性。

课时时间：

4 课时

参考书目：

《字体与版式设计实训》（沈卓娅）

《包装设计：品牌的塑造》（克里姆切克）

8.1 基础知识

在包装设计领域，必须根据每次设计任务的特殊目标来制定基本设计原则。这些原则方针有助于确定一份设计构图中颜色、字体、结构和图像的运用方法，从而创造出适当的平衡感、张力、比例效果和吸引力。只有通过这种方式，包装设计中的各种元素才能成为视觉传达中的有效部分。

1. 常见的版式设计

对称式版式。在版面设计中，对称式排列就是以中轴线为轴心，进行上下或左右对称编排的排列方式。对称式排列使画面统一、庄严，给人高品质、可信赖的感觉。在对称式画面中，可以采用版面均衡的方法来传达信息，在平衡中寻求不平衡，使画面更具动态感，如图8–1所示

图8 – 1 对称式

均衡是物质之间存在的一种质感上的对等关系。均衡是一种美，一种自然和谐的形式美，能给人以稳定感、舒适感。一个版面的均衡是指版面的上与下，左与右取得的面积色彩、重轻等量上的大体平衡，如图8–2所示。

图8 – 2 均衡式

水平视觉流程是指将版面中的视觉元素按水平方向进行排列，这种从左到右的排列方式符合人们的阅读习惯。水平线具有温和、安定、静止的视觉感受，可以使整个版面产生稳定、静态的视觉效果，如图8–3所示。

图8 － 3 水平视觉流程

垂直视觉流程是指将版面中的视觉元素按垂直方向进行排列，这种从上到下的排列方式给人坚定、直率、理性、庄重的视觉感受，随着视觉的上下移动，能表现出一种力的美感，如图8–4所示

图8 － 4 垂直视觉流程

倾斜型版式是指页面的主体形象或多幅图片、文字作倾斜编排，人们的视线便会沿斜线方向移动，产生强烈的动荡、不稳定的态势，引人注目，有很强的视觉诉求力，如图8–5所示。

图8 － 5 倾斜型版式

中轴型版式是指主体元素在版面的水平线或垂直线的中轴进行排列。由于主体元素出现在版面中轴位置，所以整个版面给人以强烈视觉冲击效果，所要表达的主题思想也随之变得突出、明确，如图8–6所示。

图8 － 6 中轴型版式

骨骼型版式是指在版面中各元素摆放的骨架和格式。骨骼在版式中起着构成单元距离和空间的作用。在版式设计中可以根据内容与信息量，以及在图片与文字的搭配比例，来进行骨骼版式的编排。骨骼的分栏是指文字、图形按照一定的区域进行编排，可以使整个画面富有秩序感，如图8–7所示。

图8 － 7 骨骼型版式

散点视觉流程是指图与图、图与文字之间自由分散的排列方式。整体版面充满自由轻快之感，呈现出感情性、无序性、个性化的非常规状态。编排散点组合时，要注意图片大小、主次的搭配，强调版面的轻松灵动，给人带来活跃、自在、生动有趣的视觉体验，如图8–8所示。

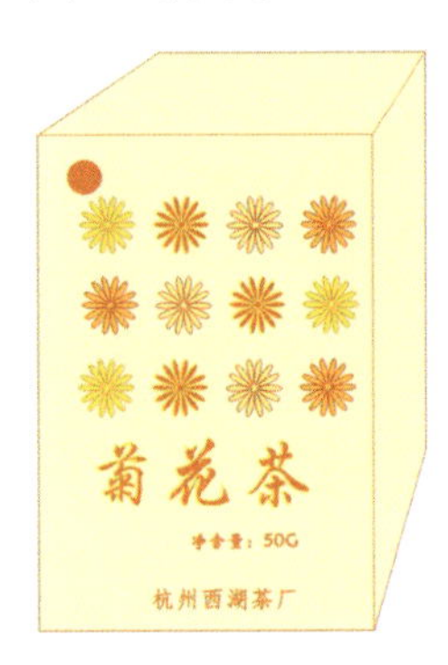

图8 － 8 散点视觉流程

导示视觉流程是指利用图形、文字或色彩等设计元素，引导读者按照预设好的方向进行阅，由此，把版面的构成元素串联起来形成一个整体，使重点突出，条理清晰，将信息最大化地传达给读者。版面中的导示形式多样，如直接导示、间接导示、虚拟导示以及文字导示等，如图8–9所示。

图8 – 9 导示视觉流程

曲线型：将图片和文字排列成曲线，产生韵律与节奏，如图8–10所示。

图8 – 10 曲线型

三角型：在圆形、矩形、三角形等基本图形中，正三角形（金字塔形）最具有安全稳定因素，如图8–11所示。

图8 – 11 三角型

并置型：将相同或不同的图片作大小相同而位置不同的重复排列，并置构成的版面有比较、解说的意味，给予原本复杂喧闹的版面以秩序、安静、调和与节奏感。

自由型：无规律的、随意的编排构成，有活泼、轻快的感觉。

四角型：版面四角以及连接四角的对角线结构上编排图形，给人以严谨、规范的感觉。

2. 版式基本框架

在包装设计领域里，版面是向广大消费者传达产品名称、功能和各种相关事实的基础媒介，排印式样的选择、版面布局以及对字词和字体的润饰加工直接影响着文字的阅读效果。包装设计上的文字版式是该产品视觉表达中的关键要素之一。

以下基本原则为包装设计中的版式安排工作提供了基本框架。

原则1：为版式的个性特色进行定义。

版面式样必须能够彰显出该件包装设计的个性特色。视觉画面的个性特征就是消费者对一件包装设计的感知方式和内容。调研、试验、使用恰当的文字格式（字体、大小和笔划宽度）和明确的视觉传达战略可为此奠定基础。vitahelp是一个紧急救援套件，包含了所有能恢复身体的营养素。这组产品的灵感来源于海地地震，纽约FIT流行设计学院的学生Antoinette Padmore想要为需要帮助的人做点什么，他想到了vitahelp，这个专门用于贫困国家的儿童营养援助套件。整个包装使用低调的灰黑色，印有非洲儿童的头像和手的特写，没有过多特别的设计，在灾难面前，设计师可以做的真的很多，如图8–12所示。

原则2：限定字体种类。

到底需要多少种字体来传达一个设计概念，对此要审慎考虑。对于包装设计中的主要展示版面来说，通常最多采用三种字体。有时由于所需文本的数量太多，很难对字体种类加以限制。在这种情况下就最好采用那些在同一字体家族内有多种风格选择的字体，这样就能使外观保持清爽一致，使传达的信息始终具有统一感，如图8–13所示。

图8 – 12 营养援助套件

图8 – 13 食品包装

原则3：创建版面层次。

版面层次，即视觉信息的布置安排，提供了如何按照重要性高低依次阅读信息的框架。消费者就是这样在匆匆一瞥间明白了他们能从一件包装设计中“得到”什么，因此要根据重要性高低排列各种版面元素，然后运用设计基本原则，例如定位布置、排列方式、相互关系、比例尺寸、重量、对比和色彩等考虑因素，设计出符合视觉传达目标的版面层次来，如图8–14和图8–15所示。

图8 – 14　版面层次　　　　图8 – 15　版面层次

原则4：确定文字对齐方式。

对齐方式决定了版面布局的整体结构。包装设计上每个单词的排列方式都要经过精心考虑，因为居中、左对齐、右对齐或两端对齐的文字排列会导致完全不同的传达效果。包装结构的形状决定了版面布局的组织方式和最恰当的对齐方式。

基本的文字对齐方式有以下几种。

居中——在主要展示版面或一个特定区域内每个单词或每行文字都位于中央位置，如图8–16所示；

左对齐——每个单词或每行文字靠左边对齐，如图8–17所示；

图8 – 16　居中对齐　　　　图8 – 17　左对齐

右对齐——每个单词或每行文字靠右边对齐，当消费者需要阅读大量文本时，这种对齐方式就显得不太妥当；

两端对齐——多个单词或者数行文字拉伸到同一宽度，但是可能会遇到字母间和单词间的空白调整问题，如图8–18和图8–19所示。

图8 – 18 两端对齐

图8 – 19 两端对齐

原则5：变化版式缩放比例。

在版面设计中，成比例缩放通常是指文字尺寸的放大或缩小，在包装设计的版面编排中则是指各版面元素相对于彼此的大小关系。例如，品牌标志（品牌的名称、标志等）通常在比例尺寸上大于产品描述（或品种说明）。一件包装的主要展示版内的所有文本都必须按比例缩放到一定尺寸，以便人们从一定的距离之外仍能清晰阅读——这段距离就是零售环境中消费者与货架上包装之间的距离。

版式缩放比例应该始终与其他设计元素以及包装的整体大小相配合，缩放比例关系到强调重点在何处，在设置定位和对齐方式时也要考虑到缩放比例。

原则6：字体试验。

版面设计的过程中并无一定之规。对字体风格、字符、字母形式、连字符号（印刷技术中把两个或多个字符连为一个字符）、字距和版面布局进行大胆尝试就是设计工作中的一个重要部分。通过这些尝试，设计师们才能够创造出更多独特的设计方案。试验也是锻炼创造能力的一种训练，通过试验，各种创意点子才会通过视觉画面具体表现出来。

原则7：堆叠字符时要谨慎。

包装设计中的通用规则就是不要堆叠字体。包装设计上的堆叠字符还会在货架上堆放产品时造成视觉上的混乱，因为不能确定产品的正确放置方向是水平的还是竖直的。

原则8：排除你的视觉成见。

由于每个设计师感知各种视觉元素的背景各不相同，所以非常重要的一点就是不要让设计师的个人喜好影响到他或她的版面设计工作。尽管有些设计师相信设计中的创造来自于直觉感悟，但是专业设计工作不应由“我知道这么做就行”或者“我喜欢那种字体”等想法来决定。设计师应该能够对他们的设计过程以及版面设计方案做出解释，包装设计作品最终必须能够独立于设计师的主观感受之外。

8.2 设计实战

8.2.1 亿藻爱爱螺旋藻包装设计案例

所需设计：瓶贴和盖贴。瓶贴：长27.5cm，宽13cm；盖贴：直径7.7cm。

品牌：亿藻爱爱螺旋藻。

所属类目：食品类。

风格要求：大气、华丽、鲜亮，视觉冲击感强。

颜色要求：以绿色或蓝色为主。

所需文字信息及Logo见附件。

瓶子样式：圆柱体。公司网站www.ynaiai.com，公司淘宝商城http://yizaoaiai.tmall.com，这里面有产品的原包装，从中可以查看瓶子样式。

所设计的作品为原创，为第一次发布，未侵犯他人的著作权。如有侵犯他人著作权的行为，由设计者承担所有法律责任。

1. 产品定位

“亿藻爱爱螺旋藻”是一款具有保健功能的食品，从消费者角度考虑，希望该产品能改善体质。在设计的过程中，考虑到螺旋藻的主要成分，以图像的形式，来表现螺旋藻的形象，同时突出“亿藻爱爱螺旋藻”的产地。

2. 设计手法

在版面设计上，中间部分展示产品的主题形象，左右两侧介绍产品的成分及说明信息。在版面上根据商品的特点进行定位，以图像的形式表现螺旋藻：一种肉眼看不到的漂浮于水面的微小植物，在显微镜下宛若一根盘曲的弹簧；以丽江程海湖的风光进行展示，配合螺旋藻的图像；以图片来展示原产地、原材料及其营养形式。色调以蓝色为主，配合渐变色，整体版面简洁大气，视觉强烈直接，如图8-20所示。

3. 印刷思路

印刷方面采用不干胶四色印刷，需要注意出血的设置。在设计平面图时要注意版式及元素的应用，如图8-21所示。

4. 成品流程

瓶贴的制作流程大致为：设计构思→印前准备→设计初稿→定稿→印前电脑制作菲林→制造印刷版→成批印刷→成批印刷→灌瓶→黏胶→装箱成品。设计流程如图8-22所示。

图8-20 螺旋藻效果图

图8-21 螺旋藻瓶贴平面图

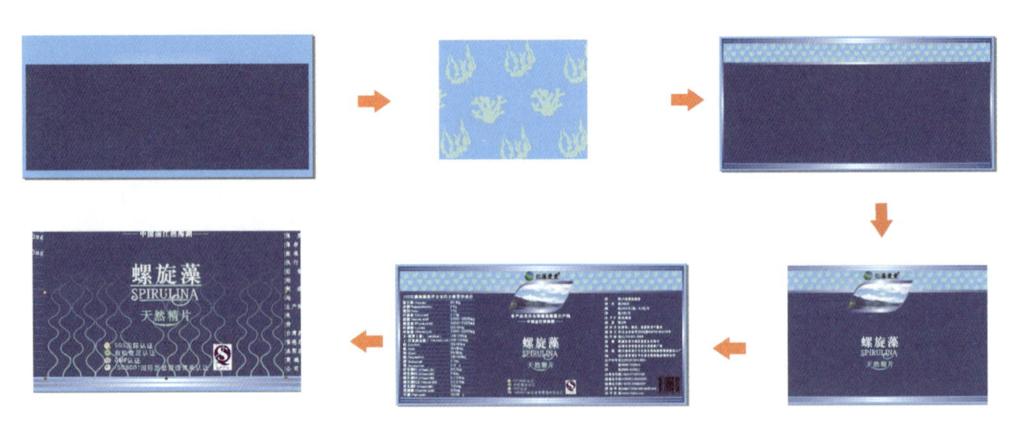

图8-22 设计流程

8.2.2 黄芩牙膏设计案例

1. 产品定位

黄芩牙膏原为杭州牙膏厂所生产，其品牌一度为浙江省著名商标。随着杭州牙膏厂的停产，“黄芩”商标被转让给了杭州皎洁口腔保健用品有限公司。黄芩牙膏是药用牙膏，是杭州本地一个比较响亮的牌子，很受消费者欢迎，价格也不贵，能去除齿垢和帮助强健牙齿、防止蛀牙，如图8-23所示。但是浙江以外的消费者都不太知道这个品牌。

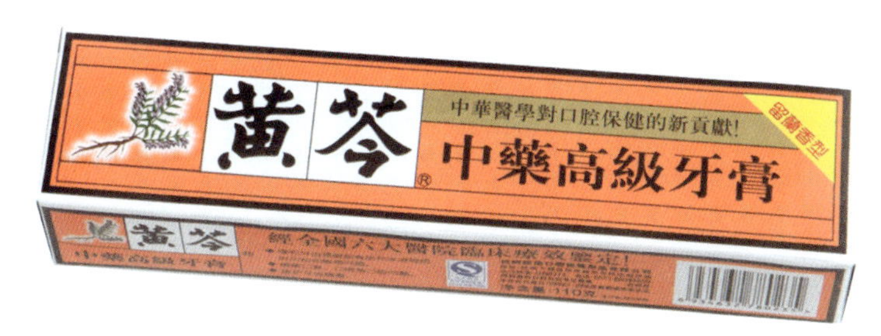

图8-23 黄芩中药牙膏

2. 设计手法

要求完成以下设计：以黄芩的卖点“消炎效果好”为切入点，以“黄芩”文字为主要设计点，设计一款金属软管包装及其纸质摇盖包装。要求能体现产品特性，表现其国际化的形象，并完稿输出印刷。设置包装的标准尺寸、制作包装的平面展开图、进行印前制版拆色、制作包装的立体效果图。

软管指由软性金属（如铅、铝、锡、PVC 材料）制成的管状包装，此包装为化妆品中经常使用到的一种包装方式，适合灌装液体、膏体。如图8-24和图8-25所示，分别为黄芩牙膏的平面展开图和成品立体效果图。

图8- 24 平面展开图

图8- 25 成品立体效果图

顾客在购买产品时，总是为了实现个人的某种需要。价值是由产品和服务共同实现的，不同的顾客对产品和服务有着不同的利益要求，而利益是由不同的产品和服务性质实现的。价值确定产品和服务带来的利益，利益确定产品和服务的属性。黄芩牙膏含独特中药成分，预防蛀牙，美白牙齿，不伤害牙釉质，能帮助去除附着在牙齿表面的菌斑和污物，且不会对牙齿造成损伤，具有令牙齿洁亮美白和呵护牙釉质的双重功效。

这款牙膏是针对年轻的消费群，为了拓展该群体市场，包装设计的用色、风格都要表现活泼青春的气息，具有时尚的风格。

3. 印刷思路

锡管印刷采用凸版印刷，其制作过程是用涂底机在包装材料上涂上一层白色油墨，然后用软管印刷机凸版间接印刷。同时套印在橡皮筒上（因为印迹为实地，所以套印并不重叠），随后将油墨印迹一次转给压印辊上的软管。印刷完后再用上光机上光，然后灌入内容物，封盖包装成品。印刷工艺采用专用的自动化设备作业。

无论是做凸版印刷、凹版印刷、丝印等的前期设计，一般都要求在 CorelDRAW 或 Freehand 等矢量图编辑软件中制作，这样在分色出片时可方便操作和提高准确率。Photoshop CS 软件适用于四色印刷版面的设计，以及做一些图像处理和效果图制作。本例的平面前期需在 CorelDRAW 12 软件中设计，效果图在 Photoshop CS 中完成。

设计人员的工作就是设计构思、设计版面到印刷前的操作。软管的印刷流程大致为：未印刷的粗软管→涂底→印刷→上光→装入内容物后封盖，交货完成，设计流程如图8-26所示。

图8 - 26 软管印刷前期的制作过程

8.3 经典案例

8.3.1 TAPADE包装设计

TAPADE包装设计采用了水平视觉流程，具有温和、安定、静止的视觉感受。同时采用了骨骼型版式，TAPADE包装设计的文字、图形按照一定的区域进行编排，可以使整个画面富有秩序感，如图8-27所示。

版面定位就是版面在基本展示区域内的实际位置：字母、单词和文本各自相对于其他设计元素的位置。TAPADE包装设计将相关条目汇集到一处，同时增大不相关条目间的距离，通过这种方式创造出层次效果。汇聚在一起时，若干单词或者说一群单词就会在传达信息时被视为一个整体单位。一件包装设计上的版面安排要有的放矢，并选择合适的字体。版面布局应该与设计概念相协调，各种版面元素的位置安排要考虑到它们的相互关系是直接相关、间接相关还是毫无瓜葛，如图8-28和图8-29所示。

图8 - 27 TAPADE包装设计

图8 - 28 TAPADE包装设计

图8 - 29 TAPADE包装设计

8.3.2 Tropicana kids包装设计

Tropicana kids包装设计在个性、风格、布置和层次等方面保持了一致性，这样才能使Tropicana kids包装产品体现出整体感，进而在货架上占据显要地位。Tropicana kids包装保持了一致性，有助于建立品牌资产，因为消费者们会逐渐把这种字体风格与这种品牌联系在一起，如图8-30所示。

品牌名称和产品名称是消费者从思想上和情感上建立联系的对象，所以其字体版式应该是该品牌独家所有的和“可专有的”，可以手工创造出或设计出一整套新字体。Tropicana kids包装设计在一种现有字体的基础上，对字符进行修改，可以设计出了几个崭新的字母形式，创造了一些连字符号，把字体倾斜从而得到一种“斜体”风格，让包装看起来更具活力，如图8-31所示。

图8 - 30 Tropicana kids包装设计

图8 - 31 Tropicana kids包装设计

Tropicana kids包装通过改变包装的图案和颜色，通过创造一种可让人轻松联想到其品牌的字体设计，令Tropicana kids包装与众不同，如图8-32所示。

图8 - 22 Tropicana kids包装设计

8.3.3 BRUNO'S包装设计

BRUNO'S包装设计的版式设计非常简洁，只有一个标志和咖啡豆的形象，但是已经传递出了品牌的良好品质，如图8-33、图8-34和图8-35所示。

图8 - 33 BRUNO'S包装

图8 - 35 BRUNO'S包装

图8 - 34 BRUNO'S包装

8.4 课后练习

【作业一】

作业题目：观察医药包装的版式设计。

作业形式：对市场上的医药包装进行版式分析。

相关规范：重点分析以下元素，品牌标志、品牌名称、产品名称、成分说明、净重、营养信息、到期日、危害、用法、用量、指导说明、可选种类、条形码等。

【作业二】

作业题目：观察某一种类包装的版式设计。

作业形式：对市场上的自己感兴趣的包装进行版式分析。

相关规范：重点分析以下元素，色彩、图像、人物、图示、图形图案、照片（并非提供信息的）、符号（并非提供信息的）、图标、视觉层次。对基础设计元素和二级设计元素主次地位的了解，有助于确定各个元素在包装设计上的位置。

【作业三】

作业题目：设计包装版式。

作业形式：对自己设计的包装版式，分析各元素的尺寸大小、位置和相互关系，思考其基本布局和基本设计原则。

相关规范：填写以下表格，并自行打分。

序号	内容	分数
1	层次感和信息的清晰传达。	
2	根据信息的重要性，按主次顺序适当安排各元素。	
3	信息可被清楚理解？	
4	花色品种和产品差异易于区别。	
5	有效传达营销战略、品牌战略。	
6	清晰展示产品信息。	
7	通过层次安排对信息进行强调，条理清楚、易读易懂。	
8	通过画面体现产品的功能及用途。	
9	清楚地描述用法和使用指南。	
10	在同类产品的竞争中彰显该产品的特色。	
11	能否该产品在货架上脱颖而出，并在同产品下的花色品种间建立联系？	

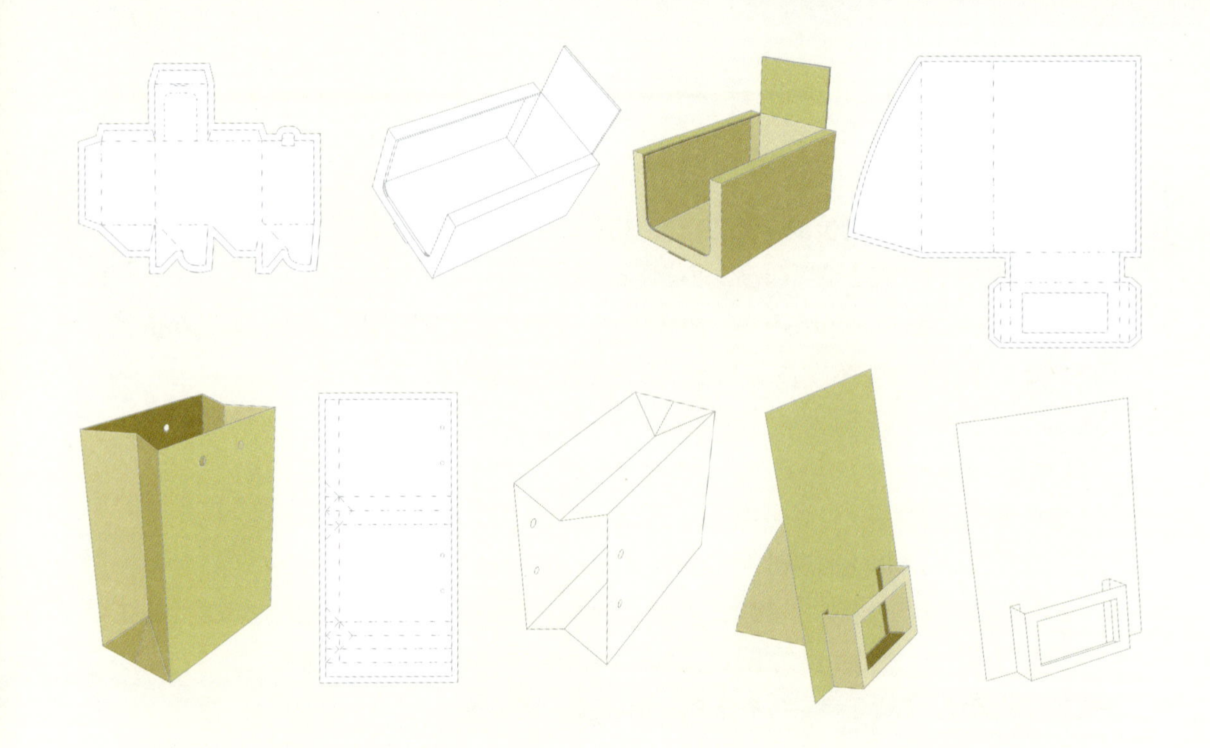

第九章：

民族传统在包装设计中的应用

训练目标：

通过学习，使学生了解民族传统文化在包装设计中的应用，有意识地思考不同包装体现的文化底蕴，对包装设计进行更深层次的探索。

课时时间：

4 课时

参考书目：

《字体与版式设计实训》（沈卓娅）

《包装设计：品牌的塑造》（克里姆切克）

9.1 基础知识

英国学者比尼恩曾这样赞叹中国艺术："世界上还有一个国家，它形成了甚至更强有力、更有持续性的一套艺术传统，结果就更具有独特性——这个国家就是中国。中国的艺术在整个亚洲享有最高的声望，就像希腊艺术在欧洲所享有的声誉那样"。鲁迅先生也说过："有地方色彩的，倒容易成为世界的，即为别国所注意"。我们的包装设计的消费对象，主要是中国人，过于全盘西化是行不通的，这就要求设计师的设计心理上要有一颗中国心。耐克中国鞋子包装，传统的中国工艺以及主题性使其极具收藏价值，如图9-1和图9-2所示。

图9 - 1 传统元素在耐克包装中的应用

图9 - 2 传统元素在耐克包装中的应用

要实现包装设计的民族化，首先要做到对本国文化的深刻理解。传统元素既非符号，也非道具，它是一种文化，不能进行表面上的生搬硬套。比如中国的水墨、书法，讲究的是意、气、神，具体表现为苍劲、空灵、雅致，每笔的轻与重无处不体现着深刻的文化寓意。这就要求设计师在进行包装设计时，首先要理解产品，再去寻求能够代表产品形象的中国元素，同时对这些"元素"的背景要有一定了解，这样才能使用合适的现代设计手法。例如"六堆战斗饼"的包装设计，其义勇军的图片、旗帜，让人对饼的来历一目了然；设计师通过对产品的深入研究和分析，最终采用具有版画效果的文字设计，苍劲豪放、浑厚遒劲；文字与插画的完美结合，传达出产品的风格、个性和情感，表达出苍劲豪放的韵味，如图9-3和图9-4所示。可见，恰当的使用传统元素会给作品带来事半功倍的效果。

图9 - 3 传统元素在食品包装中的应用

图9 - 4 传统元素在食品包装中的应用

中国传统色彩是建立在人文学科的基础上的。“中国红”的古朴而热烈、“青花”的素雅而莹润、“中国墨”的五色变化、“吉祥纹饰”的色彩内涵，既有“红红绿绿，图个吉利”的喜庆色彩，也有“水墨交融，天人合一”的平淡自然的意境，如图9-5和图9-6所示。

图9 － 5 中国传统色彩在包装中的应用

图9 － 6 中国传统色彩在包装中的应用

传统民间艺术种类繁多、寓意深刻、文化内涵深厚，始终保持着实用和审美的综合价值结构，如石器、青铜器、漆器、书法、国画、易经、五行八卦、禅学、剪纸、泥塑、木版年画、脸谱、陶瓷等，如图9-7和图9-8所示。这些都是随着具体的实践通过视觉表现出来的，是现代设计在中国强有力的根基与现成资料库。

图9 － 7 月饼包装

图9 － 8 月饼包装

在现代包装设计中，运用传统图形为创意元素可以在完成主题的同时传达出具有民族文化意象的视觉信息，形成富有个性和文化内涵的视觉形象，是抽象语言、几何图形所无法比拟和不可替代的。在实践中善用中国传统图形与图案，应了解图形的来源出处，以敏锐的触觉从中提炼其艺术精华，吸收养分，而不墨守成规，如图9-9所示。

在包装设计中如何运用好传统元素，以突出产品自身的优点和个性，这需要我们深入了解传统文化元素的内涵和寓意，不同文化元素的特性、寓意和风格都是不同的。除此之外，还要了解所要设计的产品的特性、目标消费群的喜好等，这样才能使传统文化元素与现代设计有机结合，并为其服务。例如，对于中国传统的壁画来说，东北的年画多体现民间的风土人情，造型独特，寓意喜庆，富有地方风格；而敦煌莫高窟的飞天壁画，则是金碧辉煌，造型各异，色彩丰富，极具民族特色。这两种类型的壁画，体现了不同的审美取向，也代表了不同的意蕴。所以，在设计中使用这两种元素时，就要注意考虑这些特性。前者适合营造地方特色，例如东北土特产品的包装、民间风情小商品的包装设计等，这样的设计既具有地方特色又不失传统韵味，既能体现新时代的气息又有自己的独特之处，增加了产品的文化内涵和亮点；后者适合体现中国特色的产品包装，代表性强，这样的包装设计不仅能够体现中国的历史文化，还具有收藏性，且具有艺术价值和实用价值双重功效，如图9-10所示。

图9 - 9 青铜纹样在包装中的应用

图9 - 10 国画在包装中的应用

包装民族化，不是简单地对传统图案、文字等元素表面的、外在形式的模仿，把它们刻板地移植在包装的视觉平面上，而是应将对形式的追求达到精神的凝练，将其内涵转化为修养，在作品中自然地流露，以充分发扬传统文化和艺术的形式美、思想美、意境美。只有在吸收借鉴传统的基础上创造出新的包装形式，才能更好地为产品传达信息，提升附加价值。包装设计不仅在内涵上要有本土精神，也要兼顾世界范围内不同国家和民族的受众群体，考虑他们的文化习惯，吸收他们的文化精华，实现包装设计形式和内容的多样化，增加产品的被接受程度，达到国际间的交流和竞争需求，如图9-11和图9-12所示。

图9 - 11 月饼包装

图9 - 12 粽子饼包装

同时，不同的国家同样有着悠久的文化传统，EGGS FOR SOLDIERS 将英国传统的军旅文化融入包装，如图9-13所示。娃哈哈包装以中国特有的大熊猫为元素，以插画的表现手法令人顿生喜爱之情，如图9-14所示。

图9 - 13 鸡蛋包装

图9 - 14 娃哈哈包装

Groundhog Day（土拨鼠日）是每年的2月2号，在美国，成百上千的人们会聚集到宾夕法尼亚州的小镇Punxsutawney来庆祝这个节日。Groundhog Day 起源于德国的一个民间传说，人们相信在每年的2月2号，也是基督教节日Candlemas Day，土拨鼠走出它的土洞，如果天气晴朗，土拨鼠能看到自己的影子，则预示着冬天还将持续6个星期；如果天气阴云密布，土拨鼠无法看到自己的影子，那么春天很快就会来到。The Prophet酒包装是由美国宾州州立大学的学生Lainey Lee所设计的，其灵感正是来源于Groundhog Day（土拨鼠日），土拨鼠与它的影子在愉快地干杯，如图9-15所示。

图9 - 15 The Prophet酒包装

中国5000多年的文化历史，为我们提供了丰富多彩、璀璨夺目的传统元素，它既代表华夏悠久的历史、社会的文明与发展，也是全人类文化艺术的宝库。在包装上对中国传统元素加以利用和再设计，无疑会对包装设计的发展起到推波助澜的作用，也是对中国传统文化的继承与发展。土特产是土产和特产的并称，是一个地方特殊气候、土壤、环境孕育的产物，且用较为特定的工艺制作而成。“土特产”的“土”字，在一般意义上被理解为因封闭、落后而产生的与外界少有联系的事与物。事实上，“土”字，除了含有落后、保守、未经外来文明同化的含义外，它还具有原汁原味、本土固有和纯朴的意思。

9.2 设计实战

9.2.1 醉鱼干包装设计

醉鱼是绍兴传统名菜，盛誉至极醉鱼干沿用了传统工艺，选用优质淡水鲜鱼，经过多道工序精工细作，配以绍兴特有的佳酿黄酒酒糟调制而成，并采用现代保鲜技术，保证了产品色泽黄亮，酒香醇厚回味悠长，保证了传统醉鱼的独特口感，产品食用方便、卫生、快捷。

在包装设计上，首先考虑与中国传统元素的结合，因为产品是醉鱼干，酒坛、鱼，是比较常见的形象，通过剪纸的形式进行字体设计，突出产品特点，以酒瓶的样子代替“醉”字的左边部分，而“鱼”中根据剪纸的形式把鱼头加到了字中，如图9-16所示。

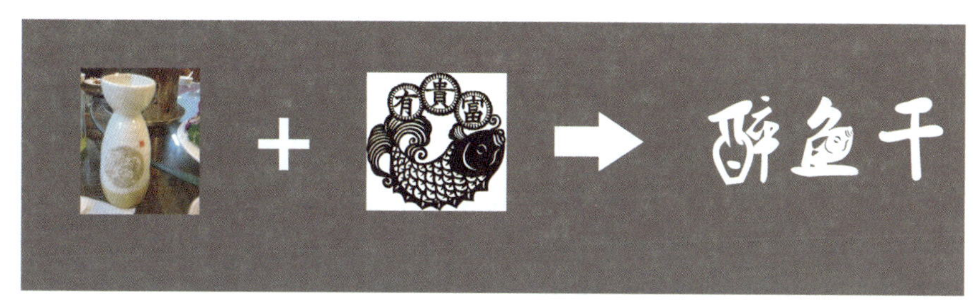

图9 - 16 文字设计

在色彩的选择上采用的是天蓝和白的渐变效果，表明水产品清爽、干净的食品特色。在图案的设计上，采用水波纹作为辅助元素，让包装更显民族感和层次感，如图9-17所示。

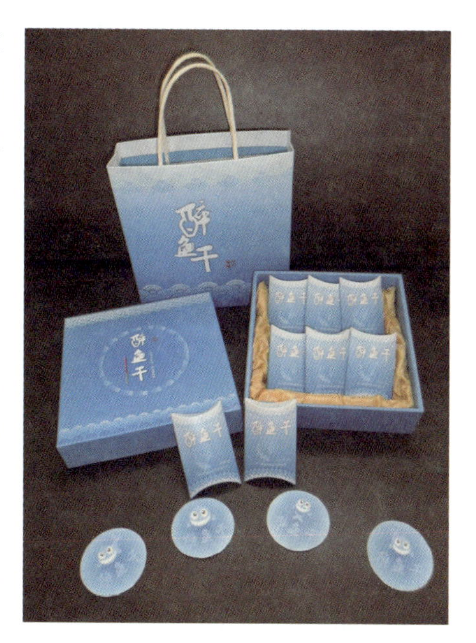

图9 - 17 醉鱼干包装设计

9.2.2 青春宝包装设计

青春宝是一家具有现代企业特点的企业集团，以生产经营现代中成药、保健品而闻名海内外。进入21世纪的正大青春宝药业有限公司，实力更加雄厚，在全体员工的努力下以一流的人才、一流的设备、一流的厂房、一流的经营管理水平，生产出富有市场竞争力的高品质产品，不但将中华古老的药品推向世界，并且引进国外先进的制药技术，向中西药现代化大型制药企业迈进，为人类的健康做出卓越的贡献。原包装如图9–18和图9–19所示。

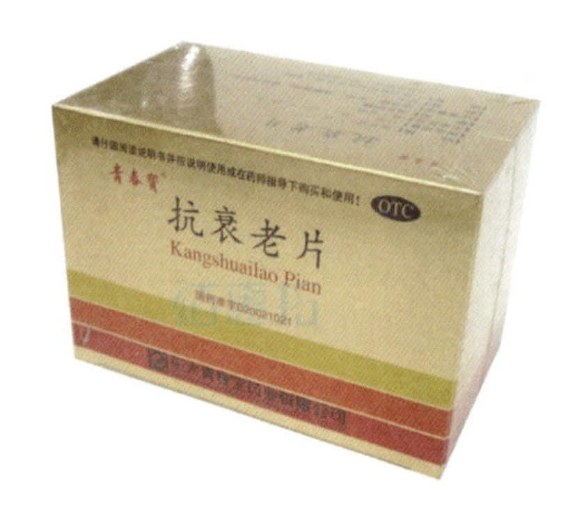

图9 – 18 原礼盒包装图

图9 – 19 原包装图

中医传统加上许多难以解释的有神奇疗效的民间偏方，使得消费者对中药型保健品有着极高的信任度。调查显示，25~35岁的城市白领对待宣传的保健理论，更易于接受和信赖传统的中医理论。所以青春宝的传统中药配方，对于女性费者而言是非常具有说服力的。

现需要对原有包装进行再设计，以摇盖式小包装设计为主，制作其效果图与菲林片。

“青春宝”是将“养生”概念做到极至的一个产品，每年仅在杭州市的销售额就达上千万元。“青春宝”主攻概念“养生”，从“抗衰老”一个点切入，以传统中医为主要原料制成的保健食品，经功能试验证明，具有免疫调节、延缓衰老的保健功能。

1. 产品定位

青春宝抗衰老片是保健药品，其风格古朴典雅，适合采用古典装饰，包装需要体现中式文化，风格简洁、大方，视觉语言直接明确，能够体现商品的产地和历史。

2. 设计手法

根据商品的特点进行定位，以“青春宝”文字为包装主体，直接向消费者介绍商品；以中国传统图案为底纹，体现青春宝药材的货真价值和中国传统医药的文化精粹；整体版面简洁大气，视觉强烈直接。

3. 印刷思路

印刷方面可采用纸类印刷，纸张不宜过薄，可选用 157克哑粉纸（无光铜版纸），用裱纸机裱在 1000克瓦楞纸上；印刷工艺采用四色平版印刷，表面过哑胶。

4. 成品流程

包装的制作流程大致为：设计构思→印前准备→设计初稿→定稿→印前电脑制作菲林→制造印刷版→成批印刷→装箱成品。

如图9-20和图9-21所示，分别为青春宝抗衰老片包装的平面展开图和成品立体效果图。

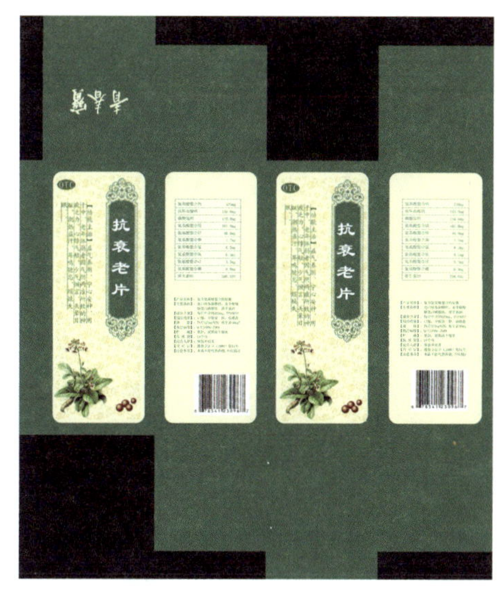

图9 - 20 平面展开图

图9 - 21 成品立体效果图

设计人员需要完成的任务就是从设计稿到印刷前的制作，如图9-22所示是青春宝抗衰老片包装前期的制作过程。

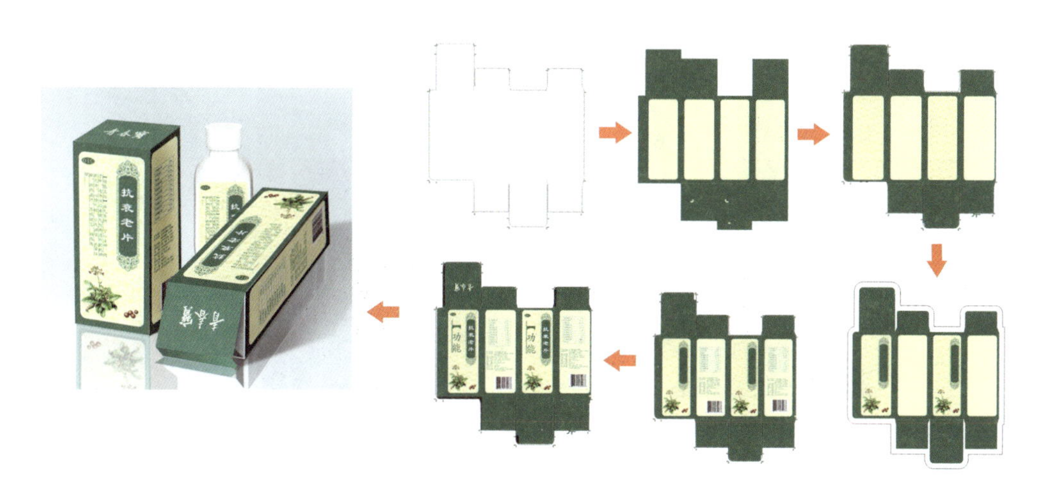

图9 - 22 制作过程图解

9.3 经典案例

9.3.1 The KRAKEN 包装设计

The KRAKEN™（海妖）黑色的朗姆酒是Proximo的最新产品，来自加勒比，混合了黑朗姆酒和超过11种的秘密香料。其标志是经典的图框加上文字，简洁大方，如图9–23所示。其酒标上的图案是神话中的一只海兽，它的名字在讲述一个传说，说的是朗姆酒运行船被海妖破坏的故事，如图9–24所示。

图9 – 23 The KRAKEN酒包装标志

图9 – 24 The KRAKEN酒包装

The KRAKEN酒在餐馆、酒吧和零售商店都可以买到，口感细腻。The KRAKEN的专有瓶有两个功能手柄，让携带更加方便，给人更加有趣和新鲜的味觉体验，如图9–25和图9–26所示。

图9 – 25 The KRAKEN酒包装

图9 – 26 The KRAKEN酒包装

The KRAKEN酒的礼品包装采用了套装的设计形式，如图9–27和图9–28所示。

图9 – 27 The KRAKEN酒礼品包装

图9 – 28 The KRAKEN酒礼品包装

图案采用了复古的手法和木刻式的插画风格，仿佛让人回到用传说和宗教来解释未知现象的时代，如图9–29所示。海妖礼包套装被设定为“证明”包，里面每个元素都是神话中海妖、海怪存在的证明，包括海妖牙齿、海妖墨水、一本记事簿、羽毛、海怪的电影，以及最后一瓶的海妖酒，如图9–30和图9–31所示。

图9 – 29 包装图案

图9 – 30 The KRAKEN酒套装包装

图9 – 31 The KRAKEN酒套装包装

包装整体色调看起来平实中带有神秘的感觉，在内包装设计上，采用了平面图案的形式，简单、明了，如图9–32所示。同时在包装中，还有一份非常重要的信件，原来是海妖写给消费者的信，如图9–33所示。

图9 – 32 The KRAKEN酒套装包装

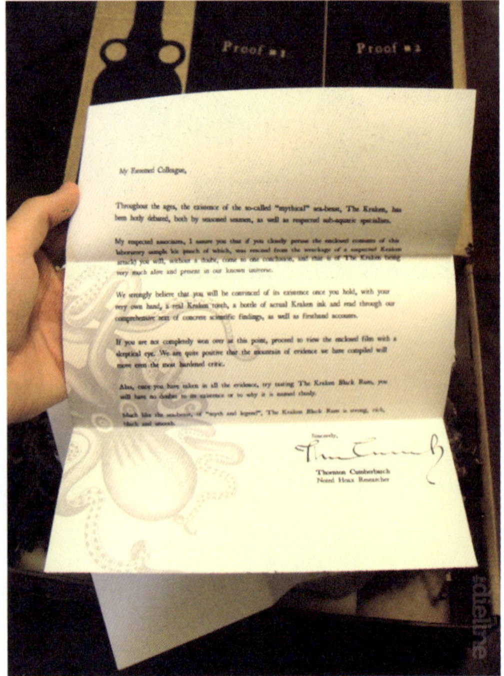

图9 – 33 信件

9.3.2 Grimm Brothers Brewhouse颠覆传统的包装设计

格林兄弟酿酒厂是新工艺酿酒商，厂址位于拉夫兰科罗拉多州，是地道的德国风格的啤酒。Grimm Brothers Brewhouse系列邪恶啤酒，每款啤酒的名字，都来自格林兄弟的著名民间故事，如图9–34所示。

图9 – 34 Grimm Brothers Brewhouse啤酒

Grimm Brothers Brewhouse对传统的故事进行了颠覆，让人有着新的思考，比如，小红帽在她身后隐藏着斧头，她比狼更危险，如图9–35所示。雪花莲的故事来自白雪公主，但是这个白雪公主看起来还有一点邪恶，手中拿着苹果，不仅没有被毒到，还在阴险的笑，如图9–36所示。无所畏惧的青年是根据“男孩出去学习恐惧”的故事改编的，如图9–37所示。

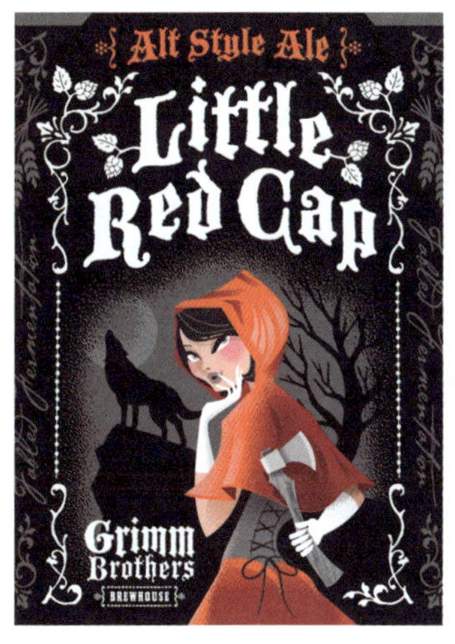

图9 – 35 小红帽

图9 – 36 雪花莲

图9 – 37 无所畏惧的青年

统一的版式、风格一致的插画，让Grimm Brothers Brewhouse包装更具有家族感，如图9–38所示。

图9 – 38 Grimm Brothers Brewhouse系列包装

9.4 课后练习

作业题目：为当地的土特产进行包装设计，或者在威客网上寻找关于土特产的工作任务。

作业形式：为某一种土特产进行包装设计，重点考虑该产品的来历、制作方式、传说，并在包装上进行体现。

第十章：

系列包装设计

训练目标：

系列化包装是一种商业行为，希望学生能在设计中通晓营销策略，将品牌传播观念作为系列化包装的核心，设计出优秀的系列包装。

课时时间：

4 课时

参考书目：

《系列化包装设计》（过山）

《包装设计：品牌的塑造》（克里姆切克）

10.1 基础知识

包装效应是众多陈列的商品中能够体现出商品独立品格的设计。系列化包装是现代包装设计中较为普遍、较为流行的形式，它是以一个企业或一个商标、牌名的不同种类的产品用一种共性特征来进行统一的设计，用特殊的包装造型特点、形体、色调、图案、标志等形成一种统一的视觉形象。这种设计的好处在于：既有多样的变化美，又有统一的整体美；上架陈列效果强烈；容易识别和记忆；并能缩短设计周期，便于商品新品种发展设计，方便制版印刷；增强广告宣传的效果，强化消费者的印象，扩大影响，树立名牌产品。

10.1.1 系列包装的统一设计

系列化包装具有完全一致的身份标志，其成员兼备相似却又各具个性的面孔。企业通过在具体的产品包装中使用相近的图案、色彩、器形形成统一的视觉效果，使顾客可以很容易认识到其为同一企业所产或同隶属于某一品牌，进而唤起顾客对这一企业或品牌的共鸣，如图10-1和图10-2所示。

图10 － 1 牛奶系列包装

图10 － 2 茶叶系列包装

1. 视觉识别系统的统一

视觉识别系统（Visual Identity System，VIS），通俗称为VI，是系统包装的重要组成部分。VI运用整体的传达系统，通过标准化、规范化的形式语言和系统化的视觉符号，将企业理念和企业文化传达给社会大众，具有突出企业个性，塑造企业形象的功能。如，TAY包装设计，在不同产品上都采用了明显的企业形象设计，如图10-3和图10-4所示。VI主要包括两大部分，基础设计系统和应用系统。在基础设计系统中，对企业识别形象的核心因素进行了规范，包括企业的标志及其应用规范，字体、标准色、标准图形及其应用规范。应用系统则涵盖了包装规范、办公室规范、环境系统规范、广告宣传规范的方方面面。在建立应用系统的过程中，就必须紧密围绕基础设计系统展开，不能偏离核心元素而另起炉灶，其主要目的是建立统一、规范的企业形象。

图10 － 3 TAY系列包装

图10 － 4 TAY系列包装

2. 包装造型的统一

对于规格不同的一系列商品，根据商品的大小，在包装造型规格的统一设计方面，将其分类成若干种比例相同的部分；根据商品的内容，设计成具有某种外形特点的包装结构，使该商品在整体上趋于相同。包装的造型与结构是建立在实用功能基础上的。每一种商品都有其相应的容纳功能、保护功能、便利功能等具体要求。大部分同类商品的包装结构与造型是雷同甚至完全相同的，这是基于包装的科学性与合理性考虑的。例如，香水包装多采用口小、底小、体量小、细瘦型的玻璃瓶，以显示商品的名贵与高档。而礼品包装盒的造型上则尽量扩大主要展示面的面积，在结构上从里到外通过附加各种形式的材料来增加包装层次，以显示商品的大方与贵重。在长期使用中，这些包装的结构与造型得到消费者的认可，形成了一定的商品形象，如图10–5和图10–6所示。

图10 － 5 系列包装造型

图10 － 6 系列包装造型

3、色彩的统一

色彩是商品整体形象中最鲜明、最敏感的视觉要素。包装装潢设计通过色彩的象征性和感情特征来表现商品的各类特性，如轻重、软硬、味觉、嗅觉、冷暖、华丽、高雅等。色彩的表现关键在于色调的确定，它是由色相、明度、纯度三个基本要素构成的，通过它们组成了六个最基本的色调。

色彩的统一是指尽可能地选择一种或者几种能表达企业精神文化或者能传达商品某种信息的色彩，然后根据同系列产品的不同规格选择不同的主色进行产品的统一设计，以表达企业的文化和传达商品信息。例如，不同色调的牛奶外包装，反映了两个品牌同类商品的不同特性，如图10–7和图10–8所示。

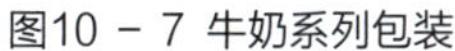
图10 – 7 牛奶系列包装

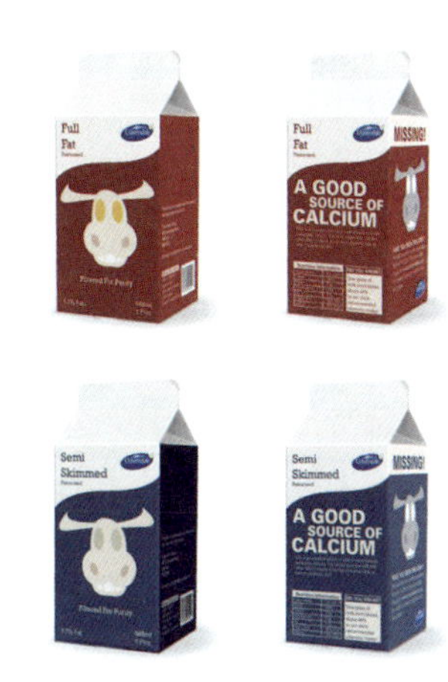

图10 – 8 牛奶系列包装

4. 编排的统一

编排的统一不仅仅指同系列、不同规格的产品的品名、品牌、色彩、图形等外包装按照一种固定的模式进行统一编排的包装设计，还包括有规律的重复编排企业标志与标准字的基本组合，根据一定的重复骨骼横竖交叉、横竖对齐或改变组合方向以达到一种纹理的效果，如图10–9所示。同时这种编排在辅助装饰图形上也同样适用。其次，在重复编排的基本组合中，可以根据标志变体设计的不同，将图形通过底图反转虚实、明暗、块面线条等表现方法达到设计的效果。在色彩统一方面，可以参照基本要素的设计规定，在设计中使用标准色、单一辅助色或者从单一的色彩进行明度渐变等，目的是使整个编排更加生动的同时制作成本不变，如图10–10所示。

图10 － 9 牛奶包装

图10 － 10 红酒包装

5. 相同的材料和工艺

使用近似甚至相同的材料和工艺是实现包装设计系列化的基本途径。材料与工艺是包装的物质基础，是实现包装各种功能的先决条件。如图10–11所示的化妆品包装采用了玻璃、陶瓷等多种材质。系列化包装从设计伊始就必须将材料与工艺考虑其中，使用统一的材质和工艺不但节约设计和生产成本，还能够强化包装的家族化特征，突出和体现企业的经营理念与价值取向。例如，DIN化妆品使用自身研发的特殊材料和工艺以使自己的产品包装与众不同，而这种包装也使得企业在市场中具有区别于其他品牌的特殊身份，从而使其系列化、个性化的特征更加显著，如图10–12所示。

图10 － 11 化妆品包装

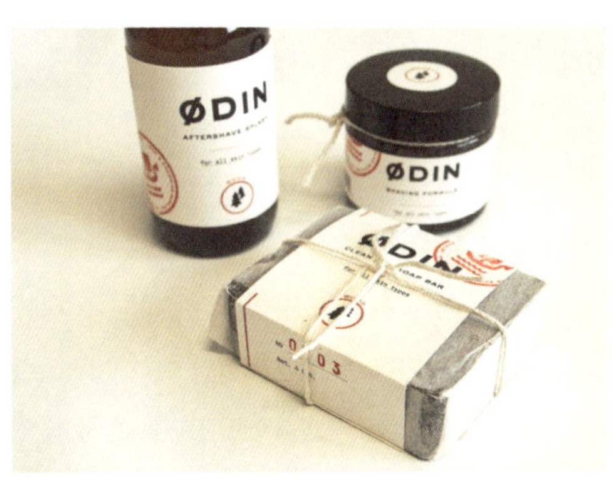

图10 － 12 化妆品包装

10.1.2 包装设计系列化细节变化

包装设计系列化在“立”的基础上，使系列产品中的个体都具有一定的独特面貌和个性，即“变”的问题。系列化包装中，企业和设计师不但要使其产品包装达到系列化、家族式的要求，还必须找出家族中单个成员的不同点，这正是许多设计师设计的基础和灵感来源，所谓“戴着镣铐跳舞”可以很生动地形容这一设计状态。

1. 部分非核心的元素进行适度、适时的变化

在以核心元素为中心进行的系列化设计中，应对部分非核心的元素进行适度、适时的变化。当系列化包装中品牌的商标、名称等核心元素占据包装最重要、最突出的位置时，可以通过包装形体、色彩和辅助图形的变化来达到区别单个产品的目的。例如，在REUP的包装设计中，设计师为了体现简洁、高雅的品牌效果，只在关键位置表现出该品牌的商标和产品名称，设计出灵动而又极富个性的效果，如图10–13所示。

2. 利用材料和工艺的变化求"变"

系列化包装设计往往采用相同的材料和工艺达到系列化的效果，但是在不破坏系列化效果的前提下，适度改变系列化产品中每组成员的材质，也是设计师求"变"的手段之一。例如，在巧克力系列产品包装中，在包装造型和平面编排元素完全一致的情况下，通过改变不同功能产品的包装的材质和颜色达到区分和表现产品的目的，如图10–14所示。

图10 – 13 非核心的元素变化

图10 – 14 非核心的元素变化

3. 利用系列化产品的构成特点求"变"

系列化产品具有组合的特点，一个系列的产品是由一种或多种品类的产品构成的，单一的产品亦有内、外包装之分。设计师在寻求产品系列化因素的可能性时，应对产品分类的依据和原理做最充分的了解和发掘，在求"立"和求"变"的过程中就可充分利用这些信息进行大胆而富有创造的设计。例如，在利用内、外包装的不同进行包装设计时，选择一个侧重表现一致性的内容，另一个则可以较为灵活地表现产品的个性。有些设计师能够充分地利用单个产品在系列中所扮演的角色，巧妙安排系列包装的构成方式和排列样式，使系列产品达到个性与共性的有机结合，如图10–15和图10–16所示。

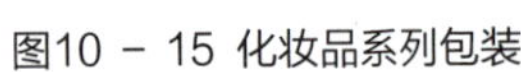

图10 － 15 化妆品系列包装

图10 － 16 化妆品系列包装

4. 在保留原包装系列化特点的基础上更新包装细节求“变”

包装设计必须根据产品内容和市场需要进行不断的更新和改变，但是对于许多经典的系列化包装设计而言，改变又意味着一定程度的损失，所以应在保留经典系列样式的前提下，对产品包装做局部或整体的微调，如此不但可以刷新形象，还可以巩固原有样式在消费者心中的形象。

10.2 设计实战

10.2.1 风干牛肉包装设计

风干牛肉又叫内蒙牛肉干，是内蒙古特产，被誉为成吉思汗的行军粮。风干牛肉是蒙古族的特色食品，因丰富的营养价值而备受人们的青睐。现在医学研究证明牛肉干中含有每天人体所需蛋白蛋和氨基酸成分，对老年人、儿童的身体虚弱及病后恢复有特别好的帮助。牛肉干的功效有补脾、胃、益气血、强筋骨、消渴、消水肿、腰酸软、身体无力等极为见效，每天食用50克至100克风干牛肉干可补充每天所需的营养元素。风干牛肉干集聚牛肉之精华，在休闲营养食品中独领风骚。

奥得牧是来自蒙古大草原的品牌，奥得牧牌的风干牛肉具有蒙古牛肉原汁原味的特质。为体现这一特质，设计者开始在网上大量收集具有蒙古特质的元素，主要从蒙古服饰和建筑上提取元素。

字体设计融入了蒙古文以及“牛”形状的元素，如图10–17所示。以4种香草图形打底，区分四种口味的同时，增加细节的变化，更加的精致，如图10–18所示。建筑元素的应用使得民族感更强，其中还加入了牛角元素，如图10–19所示。同时加入了中国风的元素——民间剪纸，用四种形态各异的牛的剪纸，使得包装的主题更加的明确，也更加多元生动，如图10–20所示。

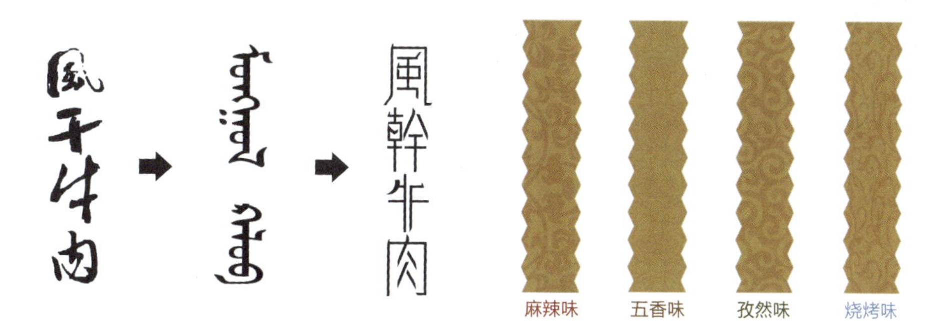

图10 － 17 字体设计

图10 － 18 装饰元素

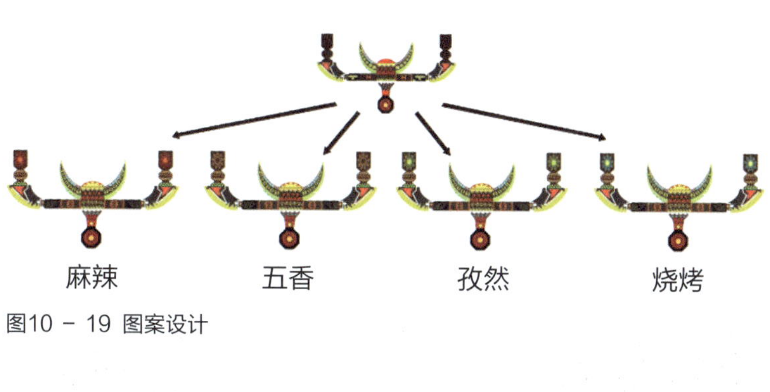

图10 － 19 图案设计

图10 － 20 图案设计

包装档次定位于中高档，没有设计大的礼盒，都是小型的包装盒，选用的盒型有：圆形铁罐、PVC瓶子、牛皮纸纸袋和麻袋。牛皮纸、铁罐和麻袋的运用使得整套包装材料更加丰富。如图10–21所示，四种不同的产品口味又可以分成四套包装，分别为朱红色的麻辣味、褐色的五香味、蓝色的烧烤味和芥末绿的孜然味。在包装的图形和颜色上也做了细腻的变化，颜色和图形的变化便于区分各种口味，使得包装更加精致，如图10–22所示。

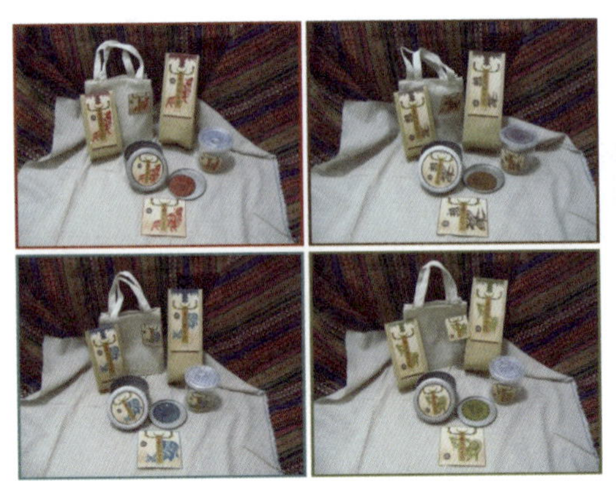

图10 － 21 四个口味系列包装

图10 － 22 整套包装实物

10.2.2 西湖藕粉包装设计

西湖藕粉是杭州名产之一，其风味独特，富含营养。杭州艮山门外到余杭县一带是西湖藕粉主产地，塘栖三家村所产尤为著名，旧时是为皇家提供“贡粉”。藕是荷花在地下的茎，经特别加工制成的藕粉，质地细滑，色泽白中透红。服用时只需先用少量冷水调和，再用开水冲调成糊状即可，冲泡后的藕粉晶莹透明、口味清醇，有生津开胃、养血益气的功效，是适用于婴孩、老人、病人的滋补品。

既然是西湖藕粉当然不能少了西湖的元素，以荷花、荷叶和藕为基本元素设计这套西湖藕粉。设计好草图，搜索大量相关的图片，在众多的图片中选取适合的进行组合设计，经过多次修改整合最终定稿，如图10–23所示。

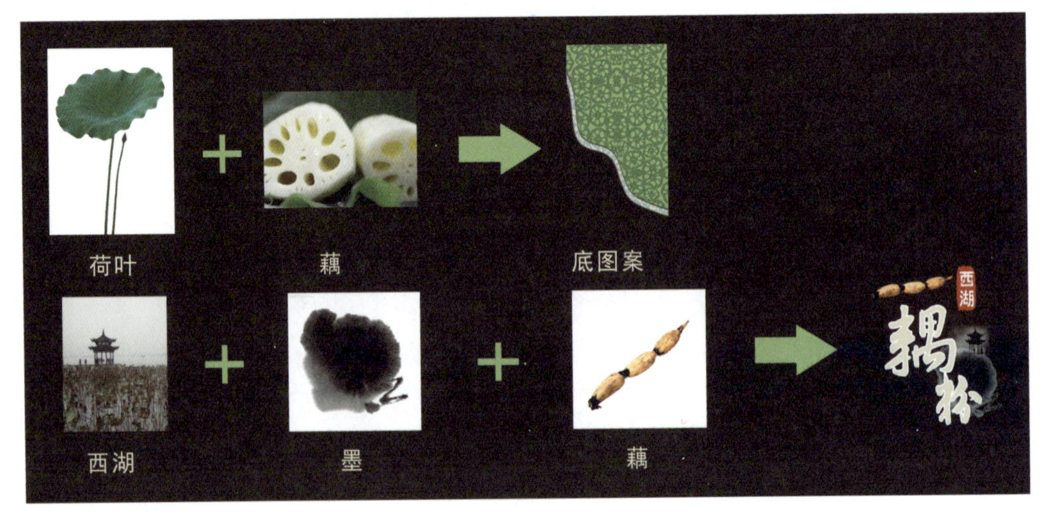

图10 － 23 创作思路

将底纹图案与西湖藕粉的标志运用到不同的盒型和袋子当中。整套包装应用了相同的底纹、文字和图案元素，视觉识别系统和色调都很统一。盒型上进了了相应的设计，既有多样的变化美，又有统一的整体美，容易识别和记忆，强化消费者的印象，扩大影响，树立名牌产品，如图10–24所示。

图10 － 24 整套包装实物

10.3 经典案例

10.3.1 The Black包装设计

The Black是红酒的系列包装设计，该包装设计非常简洁，黑色的瓶身，白色的文字和图案直接印在瓶子上，试图用视觉手法来表现一种传统和现代的结合，精致而富有时代感。

该系列包装具有组合的特点，一个系列的产品由三种品类构成，采用了三种不同的经典字体，但都使用了衬线装饰，看起来很统一，如图10–25、图10–26和图10–27所示。

图10 － 25 The Black文字设计

图10 － 26 The Black文字设计

图10 － 27 The Black文字设计

以黑板粉笔插图形式来表现新创作，有一种很传统的感觉，好像是直接从旧时的动物学丛书上翻印出来的一样。图案的主角猫、马和鸟都具有一些模糊的象征意义，既可以是消极的也可以是积极的，这种异想天开的风格给人留下了深刻的印象，打破了原来严肃的风格，如图10–28、图10–29和图10–30所示。整体包装效果如图10–31所示。

图10 － 28 The Black插图

图10 － 29 The Black插图

图10 － 30 The Black插图

图10 － 31 The Black系列包装

10.3.2 Sabad ì 意大利巧克力包装设计

来自意大利的Sabad ì 品牌运用一种典型的西西里方式制作巧克力，选用独特的可可原材料制作六种不同的口味。在产品包装设计上，根据口味设计了六款富有童趣的包装，如图10–32所示。该产品六种口味统一放在大包装中，在白色的大包装上，六种卡通水果小人向顾客微笑，如图10–33所示。

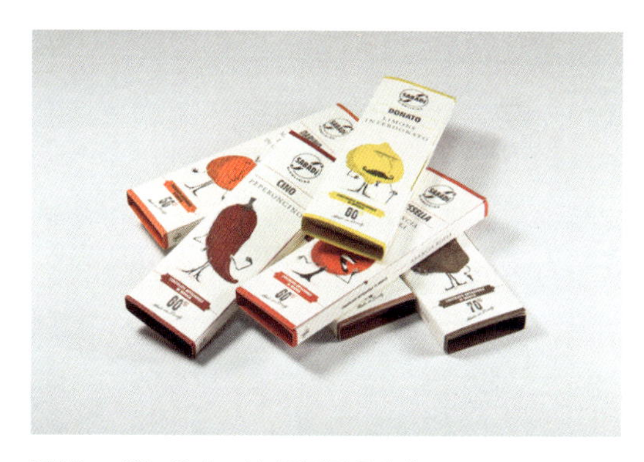

图10 – 32 Sabad ì 西西里巧克力

图10 – 33 Sabad ì 西西里巧克力

Sabad ì 西西里巧克力的图案是一群可爱幽默的卡通水果角色，设计师在最初的草图中进行了图案和字体的各种尝试，如图10–34所示。最终决定以儿童画的形式来表现，六个小人各具不同的表情，活泼生动，如图10–35所示。

图10 – 34 Sabad ì 西西里巧克力设计草图

图10 – 35 Sabad ì 西西里巧克力卡通水果小人

Sabad ì 西西里巧克力大包装采用了展示的开天窗设计，让人惊喜的是，大包装和小包装结合在一起的时候，就好像是小人们在和你玩捉迷藏游戏，如图10–36所示。而系列包装在统一版式的基础上，使用了代表不同口味的多种颜色，给人以色彩丰富、新鲜的、生气勃勃的感觉，如图10–37所示。

图10 － 36 Sabad ì 西西里巧克力

图10 － 37 Sabad ì 西西里巧克力

该产品在同类产品中脱颖而出，迅速吸引了目标消费者，丰富的色彩、个性化的卡通形象，为包装增添了一抹亮色，形成了一种易于区分不同口味的解读系统，使该系列产品达到了个性与共性的完美结合，如图10–38所示。

图10 － 38 Sabad ì 西西里巧克力

10.4 课后练习

作业题目：自拟题目或者在威客网上寻找有关设计任务，以系列化包装的形式进行设计。

作业形式：产品为系列商品，注意整体性和不同商品个性的有机结合。